Écologisation

Objets et concepts intermédiaires

P.I.E. Peter Lang

Bruxelles · Bern · Berlin · Frankfurt am Main · New York · Oxford · Wien

François MÉLARD (dir.)

Écologisation

Objets et concepts intermédiaires

Ecopolis
n° 8

© P.I.E. PETER LANG s.a.
Éditions scientifiques internationales
Bruxelles, 2008
1 avenue Maurice, B-1050 Bruxelles, Belgique
www.peterlang.com ; info@peterlang.com

Imprimé en Allemagne

ISSN 1377-7238
ISBN 978-90-5201-399-2
D/2008/5678/21

Information bibliographique publiée par « Die Deutsche Bibliothek »

« Die Deutsche Bibliothek » répertorie cette publication dans la « Deutsche National-bibliografie » ; les données bibliographiques détaillées sont disponibles sur le site <http://dnb.ddb.de>.

Table des matières

Remerciements

Cet ouvrage repose sur la collaboration de chercheurs et chercheuses ayant réussi à tisser des relations professionnelles fécondes au-delà de leurs disciplines respectives, et étant unis par une même motivation : celle qui se trouve aujourd'hui résumée par le vocable 'développement durable'. C'est donc à ce collectif que j'adresse mes remerciements pour la confiance qu'ils m'ont témoignée.

Je tiens également à remercier Josiane Bertrand pour la lecture assidue et exigeante des épreuves de cet ouvrage.

Introduction

François MÉLARD

*Enseignant-chercheur au département des sciences
et gestion de l'environnement, Université de Liège*

Fruit de plus d'une dizaine d'années de recherches, cet ouvrage est essentiellement le résultat d'un pari lancé par les différents auteurs qu'il est possible de s'intéresser de manière féconde à l'étude des questions d'environnement en prenant au sérieux ce que *font faire* certains dispositifs techniques ou conceptuels. L'idée n'est pas de prendre ces derniers comme de simples supports à ce qui se présenterait comme l'essentiel (une politique, une philosophie, une « volonté » environnementale), mais de montrer comment certains de ces dispositifs peuvent, quelquefois de manière inattendue, soit être réappropriés par leurs utilisateurs, soit émerger de la situation locale de concertation afin de produire un « espace commun de problème ». De ce point de vue, le présent ouvrage se place dans la continuité des travaux menés depuis une trentaine d'années sur la place des objets dans l'action, notamment industrielle et scientifique.

Les deux dimensions traversées par le concept d'objet/concept intermédiaire sont à la fois d'ordre cognitif et d'ordre relationnel : produire de nouvelles connaissances (ou selon les cas, leur donner une légitimité ou une opérationnalité) et produire de nouvelles configurations d'action entre les acteurs. Le travail de conceptualisation oscille entre ces deux pôles : quel type de connaissances pour quelles actions collectives ?

En écho à cette double réalité et à cette diversité « des objets en action », nous verrons comment des *cartes* (d'épandage, d'un réseau écologique), des *schémas* (d'aménagement d'un site classé), des *fiches projets* (d'une politique de conservation de la nature), un *tableau* (de mise en correspondance des pratiques de consommation et de leurs impacts sur l'environnement), un *diagramme* (dans le milieu de la production du boeuf bio) ou encore des *concepts* (de classement de zones humides ou de gestion d'un lac) sont autant de repères à la fois pour la description (par l'observateur) de ce qui est en construction dans le travail de concertation, mais surtout pour l'action même des acteurs engagés.

Une relecture des pratiques de gestion environnementale

Cette approche par le biais de la « matérialité » des politiques ou des initiatives locales de gestion environnementale est relativement inhabituelle dans l'approche des questions d'environnement en francophonie. Soit elles sont traitées d'un point de vue technique, et paradoxalement les dispositifs mis en place ne sont pensés que dans leur pure fonctionnalité, saisis indépendamment des effets synergétiques qu'ils ont pourtant avec les dynamiques sociales qui les accompagnent ; soit ces politiques sont appréhendées par le biais des représentations, des intérêts ou des valeurs des acteurs ou des institutions. Dans ce cas, les causes et les conséquences des choix opérés sont ramenées à des conceptions ou à des intérêts (souvent statiques) indépendamment des dynamiques techniques qui conditionnent la réalité de la mise en oeuvre de ces politiques ou de ces initiatives environnementales.

À première vue, ces deux approches peuvent se présenter comme complémentaires : une analyse sociologique vient s'adjoindre à celle de l'ingénieur, du biologiste ou de l'écologue, pour le meilleur et pour le pire. Et les rapports d'évaluation ou les comptes rendus d'expérience se structurent en autant de volets qu'il y a de dimensions repérées (souvent traitées d'ailleurs par des personnes différentes).

Nous faisons l'hypothèse que les questions d'environnement (comme d'autres questions complexes d'ailleurs) ne se prêtent que difficilement à ce traitement schizophrénique. Rien dans leur dynamique ne présuppose l'existence de réalités à ce point discrètes (au sens mathématique du terme) qu'elles autoriseraient pour leur analyse des approches séparées. Le gestionnaire d'une aire protégée, lorsqu'il doit faire face pragmatiquement à la double exigence de conservation d'espèces menacées et de préservation des dynamiques de développement local, mobilise des outils scientifiques, économiques, techniques et législatifs autant que des représentations sociales des identités, des intérêts et des motivations des acteurs qui vivent sur son territoire. Et bien souvent, ce sont ses anticipations qui participent à la fois à la conception et à la mise en application de ces dispositifs hétérogènes, ce qui rend la distinction entre le social et le technique hautement problématique pour l'interprétation de ce qui se passe « en situation ».

Bien sûr nous ne pouvons faire fi de ces découpages que les acteurs eux-mêmes pourraient produire lorsqu'ils sont amenés à parler publiquement du problème de gestion en question. Ne serait-ce pas là la démonstration éclatante de la réalité et donc de la nécessité de cette distinction non seulement théorique, mais également méthodologique ? L'intérêt à traiter des questions d'environnement par le truchement de ces dispositifs en situation, c'est qu'ils nous permettent de saisir les enjeux « dans l'action », et surtout de les saisir par le biais non pas des *rationalisations* (que chaque acteur est souvent amené a réaliser devant un observateur ou un interlocuteur étranger à sa communauté) mais des *pratiques*. Ce que le suivi des objets intermédiaires a pour ambition de traiter méthodologiquement, c'est précisément cette distinction entre des *discours* qui sont formulés par les acteurs lorsqu'on les place face à l'obligation de justifier leurs actions, et la *délibération*[1] autour des pratiques pour la production « d'un espace commun de problème » (Teulier et Hubert dans cet ouvrage). Nous pensons que la mobilisation quasi-naturelle par les acteurs (ou les institutions) de ces nombreux supports (cahiers des charges, articles de loi, instruments de mesure ou d'illustration, etc.) afin de se faire comprendre et d'agir est porteuse de sens. Ainsi, si en situation ils constituent autant de repères pour l'action, ils peuvent l'être tout autant pour leur observation et pour leur analyse.

Écologisation

Une seconde relecture des pratiques de gestion environnementale se situe à un autre niveau : celui de leur *durabilité* (au sens propre comme au sens figuré !). S'intéresser aux objets et aux concepts intermédiaires, c'est s'intéresser d'une autre manière aux actions de gestion. Plus précisément, c'est trouver un langage qui permette de rendre commensurables et communicables des actions qui semblent à première vue éloignées les unes des autres : telle la mise en pratique d'une réglementation d'aménagement du territoire et l'interdépendance circonstanciée de ses usages locaux (Mormont dans cet ouvrage), telle la volonté de faire appliquer une directive sur l'usage des nitrates dans l'agriculture et les dynamiques foncières locales autour de la mise à disposition de terres pour l'épandage (Brives dans cet ouvrage) ; telle la préservation de la biodiversité au travers d'un programme de gestion territoriale et les savoirs et usages d'une population de leur environnement (Mougenot dans cet ouvrage) ; ou encore, la restauration écologique de zones

---

[1] Nous choisissons de définir la notion de délibération en rupture avec celle de la négociation : la première mettant en présence des acteurs dont les jugements sont susceptibles de se modifier sous l'effet difficile à anticiper de l'échange des expériences et qui peut aboutir à une transformation de la manière avec laquelle le problème peut se poser ; la seconde mettant en scène la confrontation d'acteurs ayant des positions arrêtées et dont l'issue passe par la hiérarchisation des définitions. La délibération porte sur la transformation, la négociation sur le compromis.

humides et des usagers pris dans leurs activités (de pêche, de chasse, de culture, d'élevage ou de détente) (Teulier & Hubert, ainsi que Steyaert dans cet ouvrage). Ce sont ces mises en rapport qui – pour aider à les penser – plaident pour cette notion d'écologisation ; celle-ci devant être entendue comme les processus et procédures par lesquels la société prend en compte l'environnement dans sa dynamique de développement.

De ce point de vue, les études de cas abordées dans cet ouvrage témoignent d'un certain type d'engagement dans la manière de parler et de gérer l'environnement. Plus précisément, le suivi des objets intermédiaires permet de rendre compte d'un certain usage des dispositifs et de leurs inscriptions au sein de démarches participatives hétérogènes. Une seconde relecture de l'évolution des pratiques de gestion de l'environnement peut émerger par son biais. La gestion de l'environnement possède déjà ses acteurs et ses politiques. Cet ouvrage ne propose pas d'en faire la synthèse, il ambitionne de décrire et d'analyser par le truchement des outils mobilisés et des « inscriptions » qu'ils produisent – quelquefois anodines – ses réalités locales ou territoriales. Ce faisant, notre posture opte pour un renversement des perspectives. Loin de fonder l'étude ou la gestion environnementale sur la programmation et sur une posture anticipatrice et prescriptive qui lui est souvent corollaire (telle la position du *modernisme écologique*), il s'agit de se donner les moyens méthodologiques et heuristiques de transformer « ces lieux où l'action se passe » en des lieux où l'incertitude inhérente aux problèmes environnementaux est tournée en situation collective de questionnement, de production de nouvelles connaissances et d'action. En ce sens, l'approche par les « sciences sociales » des questions environnementales se veut ici distincte de celle qui a l'habitude de prévaloir lorsqu'elle vient (ou est requise de...) soutenir une politique publique. Ce à quoi elle tend, ce n'est donc plus tant de participer à la concrétisation au niveau local de cette dernière (approche instrumentale), mais de saisir sur le terrain les manières par lesquelles ces questions environnementales sont elles-mêmes problématisées par les différents acteurs. Il s'agit, en somme, de s'appuyer sur ces diversités de conception afin de produire les nécessaires leviers à leur compréhension et à leur gestion.

De ce point de vue, la question de la gestion n'est plus une simple question de mise en application de règles (d'*ajustements*), mais bien une question d'*expérimentation*. Et ce qui est placé en situation d'expérimentation, ce sont des aspects aussi variés qu'essentiels, telle la définition de ce qui fait problème, la recherche et l'engagement des acteurs pertinents, le positionnement et les compétences d'un « médiateur » (qu'il soit issu du monde de la recherche ou non) ou encore l'agencement d'actions de courts termes dans des processus de longs termes (allant de la gestion d'un lac, de la préservation de la biodiversité, de l'aménagement du territoire, jusqu'à la constitution d'une filière agro-alimentaire - Pierre Stassart dans cet ouvrage).

Objets et concepts intermédiaires

Étant donné le caractère éminemment complexe et réticulaire des questions environnementales, s'appuyer sur les moyens matériels et conceptuels que se donnent les acteurs pour communiquer, pour se coordonner et pour agir nous semble une manière commode et pertinente pour retracer la trame des relations et des enjeux socio-écologiques.

Ce dont témoigne cet ouvrage, c'est bien la fécondité du rapprochement entre des sciences de gestion et des problématiques et concepts issus d'analyses sociologiques et historiques de pratiques scientifiques ou d'expertises. Les contributeurs à cet ouvrage sont – pour la plupart – des chercheurs hybrides venant des sciences appliquées (ingénieurs agronomes) ou des sciences sociales (sociologues ruraux, sociologues des pratiques environnementales) ayant – pour la majorité – une expérience en matière de gestion environnementale.

Ainsi, ce que les différentes études rassemblées ici mettent en évidence, c'est le caractère processuel de l'engagement des objets et des humains dans la (re-)définition des situations et de l'action collective autour des questions de nature. Comme nous le verrons, ces modes d'engagement et d'élaboration sont variables. Cette variabilité est loin d'entamer la cohérence et la légitimité de « l'approche par les objets » qui est ici proposée, simplement elle vient témoigner de la richesse et de la fécondité des situations collectives qu'elle participe à créer.

* *
*

Les différents chapitres qui composent cet ouvrage se structurent de la manière suivante : les deux premiers chapitres ont pour objectif de replacer la question des objets intermédiaires dans des contextes scientifiques ou politiques plus généraux. Ils sont davantage d'ordre conceptuel et abordent – tout en les définissant – certaines notions mobilisées tout au long des autres contributions. Chaque chapitre suivant offre un regard circonstancié sur la manière avec laquelle cette notion d'objets intermédiaires et de concept intermédiaire a été mobilisée afin de décrire des situations environnementales contemporaines. Ayant chacun une étude de cas comme repère privilégié pour la réflexion, leurs auteurs témoignent de la diversité des expériences de coordination ou de concertation qu'ils ont eu à vivre ou à étudier en milieu environnemental.

Première Partie

Éléments de mise en contexte

L'héritage des études sociales de l'objet dans l'action

François MÉLARD

Enseignant-chercheur au département des sciences et gestion de l'environnement, Université de Liège

Une proposition parcourt l'ensemble de ce texte : l'action humaine ne peut être séparée des nombreux dispositifs techniques et de leur destinée. Et les chercheurs qui s'emploient à rendre cette proposition consistante partagent une élection particulière au travail sur le terrain. C'est bien souvent le terrain qui rend incontournable la prise en compte des objets et de leurs effets sur l'action. C'est le terrain également qui oblige par les situations rencontrées à replacer à sa juste place ce qui se présenterait de prime à bord comme une définition officielle ou légitime du problème. Face aux discours, les pratiques et plus précisément les dispositifs techniques mis en place afin de rendre consistante une politique, une théorie, une démarche professionnelle, peuvent paradoxalement renseigner de manière plus précise sur les volontés et leurs conséquences.

L'occasion m'a souvent été donnée d'observer à quel point certains gestionnaires (politiques, scientifiques ou industriels) peuvent être en difficulté lorsqu'il s'agit de clarifier ou d'expliciter leurs intérêts ou motivations à traiter un projet. Mais, par contre, ils sont spontanément portés à proposer comme fil directeur à ce projet, un cadre matériel d'analyse ou de diagnostic (un plan, une marche à suivre, un protocole, un instrument, etc.). Bref, de penser le problème au travers d'objets techniques, reconnaissant implicitement dans ces derniers la capacité à rappeler, à synthétiser, à communiquer et à partager des intérêts, des motivations ou des choix. L'effet ou la conséquence pragmatique à agir et penser au travers de ces supports techniques est, dans un même mouvement, d'offrir une direction à l'action. Le dispositif envisagé n'est plus seulement là pour cadrer le problème, mais également pour assigner à chaque protagoniste une tâche, une place dans le collectif. L'effet escompté étant de définir au travers du dispositif intermédiaire à la fois comment le problème doit être perçu et quelle est la place attribuée à chacun. Ce que cet ouvrage tente en quelque sorte de faire, c'est de suspendre l'effet d'entraînement quasi mécanique entre ces deux mouvements : penser le problème et penser l'action lorsque des objets intermédiaires sont mobilisés.

L'objectif de ce chapitre est d'introduire à la délicate question du rôle des objets intermédiaires dans la production de connaissances et de l'action telle qu'elle a pu se poser dans d'autres domaines de recherche que celui de l'environnement. Dans ce sens, l'objectif est double : celui de partager un ensemble de courants de recherches qui ont lié leurs travaux d'investigations à la prise en compte de la matérialité des dispositifs d'action, mais aussi en rassemblant ces travaux selon leur mode d'engagement dans l'action ou dans son étude.

Trois sections viennent ponctuer le propos, chacune mettant en perspective une certaine conception des objets intermédiaires. La première partie décrit *l'approche par les universaux* : celle pour laquelle les objets en tant qu'intermédiaires ne comptent pas pour la description et l'explication des ressorts de l'action ou de la construction des connaissances. Cette position constitue, en quelque sorte, le degré zéro de la réflexion sur les objets intermédiaires et donc celle contre laquelle vont se constituer progressivement les deux autres approches. La seconde partie fait référence aux objets lorsqu'ils remplissent dans l'action un rôle d'objet média, c'est-à-dire de transport de contenus ou d'approches entre des acteurs différents. Elle nous permettra d'introduire un certain nombre de courants de recherche visant à développer une approche constructiviste et sociale de l'activité scientifique et technologique. Enfin, la dernière partie ouvre la discussion sur les objets intermédiaires en tant qu'objets médiateurs, c'est-à-dire en tant qu'objets permettant la coordination entre acteurs hétérogènes autour d'enjeux qui ne se posent pas en termes de transmission de connaissances (performation), mais en termes de transformation du problème posé et des solutions à apporter.

Les objets intermédiaires, qu'ils soient conçus sous la modalité de leur transparence, de leur caractère médiatique ou médiateur, offrent un panorama contrasté de la manière avec laquelle les dispositifs techniques ou conceptuels importent à la fois pour l'action des acteurs ou pour l'analyse de leurs pratiques. C'est ainsi que pour chaque partie nous essayerons de voir au travers de plusieurs domaines de recherche (les sciences de la cognition, des études sociales de la science et de la technologie, de l'économie et de la comptabilité et enfin de la conception industrielle) comment des objets intermédiaires peuvent être pensés, quel serait leur *agency* (Law 1994)[1] et enfin quels enseignements peut-on tirer pour l'analyse de leur fonction respective.

L'universalité et sa grandeur : ou la non-existence des objets

Qu'est-ce qui fait la pertinence et la spécificité des savoirs scientifiques ? Avant qu'elle ne soit liée à des contextes contemporains troublés et incertains – et à laquelle auraient correspondu d'autres enjeux – cette question a d'abord servi à constituer la discipline épistémologique. Une discipline qui se pose, au sein d'une certaine et encore majoritaire philosophie des sciences, la question des raisons de faire de la science et surtout de la faire telle que les canons disciplinaires se la représentent. Ce qui est invoqué, c'est la production disciplinée contre le sens commun à un rapport essentiellement rationnel, logique à la nature. Ce dont il s'agit, ce sont avant tout des structures de pensées, des manières de voir, des paradigmes qui guident à la fois le regard, les comportements... jusqu'aux motivations des scientifiques sur le terrain ou dans leur laboratoire. C'est avant tout un rapport qui se veut innovant et distancié de l'expérience que tout un chacun peut faire de la réalité. Cette discontinuité par rapport à cette expérience commune et des intérêts qui peuvent lui être attachés est considérée comme fondatrice de la science et reste avec ses quelque quatre siècles d'existence la raison première qui la fait exister aux yeux des autres expériences avec lesquelles elles tentent aujourd'hui de se recomposer.

Établir des lois, produire des concepts ou écrire des théories est la marque de fabrique de la pratique scientifique, ce par quoi sa communauté se valorise et est valorisée. Mais bien sûr, tout cela passe par des conjectures, des observations, des déplacements sur le terrain, la construction d'outils de mesure, d'instruments, de protocoles, de résultats « bruts ». Mais quelle est la place de ces réalités habituelles et communes dans la constitution de « la vérité » du savoir scientifique ? Jusque dans les années 1970, si ces réalités sont bien évidemment omnipré-

---

[1] L'*agency* (concept de l'actor-network theory, difficilement traduisible en français) repose sur l'idée (à l'instar de Michel Foucault) que l'identité et l'action des êtres (humains comme non-humains) ne sont pas données par nature, mais le produit ou un effet d'une situation particulière. Selon la sociologie de l'acteur-réseau, la capacité d'« agencement » d'un être est sa capacité à participer à la définition ou à l'action d'autres composantes du réseau dont il fait partie. À titre d'exemple, on peut caractériser ce que sont des consommateurs (leurs compétences à discriminer entre les produits, à poser un choix « rationnel », etc.) en fonction de la capacité d'*agency* des rayons d'un supermarché, avec leurs batteries d'étiquettes, leurs dispositions, leurs décorations, bref de leur organisation technique, etc. (cf. les travaux de Franck Cochoy décrits plus loin).

sentes dans la vie quotidienne des chercheurs, elles sont quasi invisibles dans les analyses épistémologiques, historiques voire sociologiques qui sont réalisées de leurs pratiques. La vie propre aux dispositifs techniques par exemple disparaît au second plan, s'efface au profit de l'énonciation des « faits » et des lois (Latour and Woolgar 1988). Devant cette quête de connaissances universelles arrachées à la nature, ces dispositifs, protocoles et autres intermédiaires rappellent par trop les tâtonnements, les incertitudes, les bricolages par lesquels il est nécessaire de passer afin de quitter le monde des hypothèses pour entrer dans celui des faits.

Dans cette logique, les égarements, les situations de perplexité, les hésitations véritables – et non pas celles qui servent à mieux mettre en valeur la solution triomphante – ne sont que de peu d'utilité. Pire, elles risqueraient de desservir politiquement, économiquement et socialement le travail du scientifique ou de rendre historiquement fortuite la découverte finale. Elles ne peuvent servir à rendre compte d'une quelconque dynamique tant elles se trouvent à court d'explicitation ou de reconnaissance qui leur permettrait, comme nous le verrons dans les prochaines sections, d'en révéler leurs puissantes vertus.

Quelles sont les conséquences pour l'analyse ? Cet oubli de la dimension matérielle de toute activité scientifique contribue à produire au moins deux tendances marquées : a) celle qui consiste à loger la source et l'explication de la réussite ou de l'échec de l'entreprise scientifique dans les seules aptitudes cognitives et morales de ses auteurs, les dotant de compétences, d'habiletés, de rigueurs, etc. bref de rationalités à la hauteur des phénomènes qu'ils découvrent ; b) mais aussi une tendance à construire une certaine représentation de la science. Une science faite d'abord de savoirs vérifiés, stabilisés, éprouvés et qui se laisse mettre en scène préférentiellement sous la forme de l'histoire inéluctable des idées. Les découvertes (et non les recherches) sont placées dans une perspective évolutionniste où chaque conception historique des faits est requalifiée, précisée, corrigée par les découvertes ultérieures, ce qui permet de produire une flèche du temps infaillible liant l'activité scientifique avec la notion de progrès.

Si le modèle des sciences naturelles et plus précisément de la physique est probablement celui qui a inspiré le plus les disciplines plus jeunes (telles la biologie ou la chimie), il a été aussi une puissante source d'inspiration pour les sciences candidates émanant des questions humaines comme la psychologie, l'économie ou la sociologie. Ainsi, en dépeignant une activité économique ou sociale, par le seul truchement des choix, des comportements, des discours, des symboles, la place de la notion de la rationalité devient centrale afin de dépeindre des agents qui, soit en regorgent et la mobilisent de manière instinctive ou automatique (telle l'économie néoclassique), soit qui en sont dépourvus et ne font que répondre à des exigences supérieures qui les dépassent (telle la sociologie critique ou positiviste).

Elle conduit tant l'économie que la sociologie à privilégier des méthodologies de collecte de données qui respectent cette priorité : à savoir pour l'une, l'enregistrement des préférences (souvent individuelles) des consommateurs dans leurs actes d'achats, ou pour l'autre, l'enregistrement des opinions, toutes deux s'appuyant sur des questionnaires, des entretiens ou des modèles. La source de l'action se trouve dans l'acte nu ou dans sa représentation symbolique.

Ces conceptions sont lourdes de conséquences puisqu'elles ne peuvent survivre qu'au prix d'hypothèses extrêmement lourdes tant sur ce qui permet de définir un acteur qu'une société. Nous les résumons dans la suite de ce texte par le vocable « approche par les universaux » afin de traduire cette tendance à ramener l'explication des phénomènes humains ou sociaux à des déterminants *sui generis* portés en propre par les acteurs ou leur société. Il est à remarquer que la question des origines, de la source des phénomènes, des comportements, de la rationalité est centrale dans cette perspective. Ce qui compte c'est de localiser le déterminant premier, puis d'établir une hiérarchie des causes et par là une hiérarchie des légitimités à prétendre le vrai. Il s'agit, par contre, d'une question qui devient peu intéressante pour une *écologie des pratiques* (Stengers 2006) pour laquelle ce qui compte, ce n'est pas de déterminer la place légitime, la hiérarchie des causes, mais le processus de distribution et d'interdépendance des connaissances et de l'action en situation.

La localité et sa tyrannie : ou l'objet en tant que média

La vision très policée et aseptisée de la pratique scientifique, telle que dépeinte par l'épistémologie ou la philosophie des sciences a fait l'objet d'une critique acerbe et argumentée par de nombreux sociologues, anthropologues et historiens à partir des années 1970 (Pestre 2006). En grande partie rassemblés autour des études sociales de la science – *Social Studies of Science and Technology* (Jasanoff, Markle, Petersen et Pinch 1995), ces chercheurs et chercheuses n'ont eu de cesse de montrer la dimension fictionnelle de cette conception idéalisée et pourtant encore aujourd'hui légitime de l'activité scientifique en tant que pratique et productrice de connaissances distinctes.

À la trivialité de l'appareillage technique et matériel pour la description de ce qui ferait l'essentiel de l'activité scientifique, ces nouvelles recherches opposent une vision *riche*, *chaude* et toujours *incertaine* de cette même activité : « riche » par la mise en évidence de la bien plus grande hétérogénéité des facteurs qui entrent dans l'explication de ses résultats, « chaude » par la description de ses pratiques en situation et souvent au travers des controverses qui l'animent, et « incertaine » enfin par le caractère souvent indécis ou risqué d'une proposition nouvelle. Ainsi, en portant son choix sur une approche constructiviste des sciences, une certaine quête de « réalisme » est ambitionnée : ces idées, lois, théories établies ne s'imposent pas de la même manière avec laquelle elles sont célébrées (Bloor 1976). Face à cette science des grands apparats, les études sociales des sciences et des technologies lui préfèrent celle en train de se faire (Latour et Woolgar 1988 ; Latour 1989)[2].

Dans la perspective qu'ouvre ce présent ouvrage, ces travaux en STS auront pour conséquence de mettre en évidence au moins deux dimensions de l'objet dans l'action : celle de dépendance à la fois des théories, des lois, des politiques, mais aussi des habiletés et compétences des acteurs aux objets et autres instruments mobilisés (Barbier et Trepos 2007) et celle de leurs usages dans des pratiques au quotidien. Cette dépendance des contenus scientifiques à leurs équipements[3] est – pour les tenants de l'épistémologie – considérée comme triviale : il est évident que le recours aux dispositifs techniques nombreux et variés est nécessaire. Ils font d'ailleurs partie des méthodes scientifiques, celles-ci participant à leur élaboration. Dans cette perspective, on est bien obligé de passer par des intermédiaires, mais ils ne sont que les produits de l'activité du chercheur ou des instruments inspirés par la méthode scientifique. La mise en évidence ethnographique et historique des processus matériels dans l'activité scientifique et technique – c'est-à-dire non pas leur vie philosophique[4] ou épistémologique, mais leur vie

---

[2]   Avec les instruments forgés par l'anthropologie, l'ethnographie et l'histoire, de nombreuses études de cas prennent pour objets d'études l'activité scientifique de laboratoire et celle de l'innovation technologique (Galison, 1997 ; Knorr-Cetina, 1981 ; Pickering, 1984 ; Pickering, 1995 ; Pinch, 1986 ; Shapin, 1985 ; Woolgar, 1986 ; Hughes, 1983).

[3]   « Dépendance » dans la mesure où la recherche d'une plus grande intimité avec la matière et avec les hommes passe par l'usage quelquefois intensif d'appareils de mesure et de supports de plus en plus élaborés pour visualiser leurs résultats et les communiquer (Tufte 1991 ; Tufte 1997). Quel est le legs des microscopes électroniques pour le développement de la biologie moléculaire ? Celui de la PCR (Polymerase Chain Reaction) pour la production du matériel ADN et donc pour la construction des savoirs en génétique (Rabinow 1996) ou en matière judiciaire (Jordan and Lynch 1998) ? Celui des techniques statistiques des corrélations pour le développement de la sociologie (Desrosière 1993), de la médecine (Mackenzie, 1981), ou encore des sciences actuarielles (Porter 1995 ; Porter 2000) ?

[4]   Surtout de la philosophie des sciences, car paradoxalement d'autres philosophies sont bien plus enclines à tenter de cerner la juste place du rôle des objets dans la constitution des sociétés.

praxéologique, celle que l'on peut décrire en situation – témoigne d'une grave sous-estimation du poids de cette dimension technique dans le choix, l'approche, la caractérisation et enfin la théorisation des phénomènes étudiés. En effet, s'attacher aux dispositifs techniques oblige à envisager des dynamiques hétérogènes liées à la production scientifique. Des dynamiques qui sont de première importance pour comprendre l'approche qui guide ce présent ouvrage. S'attacher aux objets permet de rendre concrets et observables : des modes d'organisation de la recherche ou de la conception (Vinck 1992 ; Vinck 1999) ou encore des modes de collaboration/concurrence entre chercheurs, des choix dans la détermination d'axes de recherche (Van Helden et Hankins 1994)[5], des hypothèses, mais également des croyances ou des valeurs qui ont été incorporées dans des théories scientifiques ou matérialisées dans des dispositifs techniques (Callon et Law 1997). S'attacher aux objets permet également de comprendre ce que veut dire véritablement le partage des connaissances au sein de la communauté scientifique et surtout la reproductibilité des découvertes lorsque l'on ne sépare plus des enjeux à la fois techniques, économiques et politiques de la standardisation des instruments de mesure (Collins 1985 ; Wise 1995) et, pour le milieu industriel, de la normalisation et de l'établissement des standards de conception.

Bref, ces nombreux objets qui entrent au quotidien souvent de manière transitoire ou éphémère dans la construction de connaissances ou d'innovations technologiques peuvent peser de manière tenace sur le destin de ces dernières.

Cette dépendance non triviale des pratiques à leurs objets matériels ne peut être séparée de la logique de constitution et de mise en circulation de ces derniers en situation. Cette dimension essentielle apportée par les travaux des *Science & Technology Studies* (STS) est résumée dans la littérature par le concept de « *boîte noire* » (Latour et Woolgar 1988). Ce concept, emprunté à la cybernétique[6], vise à synthétiser à la

---

5 Dans un numéro consacré aux instruments scientifiques, ces historiens renversent la perspective : substituant une description hagiographique de la découverte scientifique, par une description démystifiée et empirique de l'activité matérielle de cette même découverte scientifique : « *Parce que les instruments déterminent ce qui peut être fait, ils déterminent également dans une certaine mesure ce qui peut être pensé. Souvent l'instrument fournit une possibilité ; il est l'initiateur de la recherche. Le chercheur ne se pose pas seulement la question :* « *J'ai une idée. Comment puis-je construire l'instrument qui va me la confirmer ?* » *mais également* « *J'ai un nouvel instrument à disposition. Que va-t-il me permettre de faire ? Quelle question puis-je maintenant me poser et qui aurait été vain de me poser avant ?* » (traduction personnelle).

6 Une « boîte blanche » est une partie du système (électronique, ou mécanique) pour laquelle les conditions de transformation de tout input en output sont connues. Cette

fois deux mouvements de toute production scientifique ou technique : celui progressif qui conduit l'idée ou le projet à son produit final et celui par lequel il est utilisé et donc mis en circulation. Le concept de boîte noire, en tant que processus ou en tant qu'état, met en valeur le caractère historique de l'activité scientifique et technique, en évitant de faire une séparation trop tranchée entre les facteurs sociaux ou naturels. Ce caractère historique est rendu perceptible par le biais de la mise en relation entre la dimension « locale » et « universelle » de leurs outils ou produits (Latour 1993).

Ces deux dimensions permettent de répondre à une critique très souvent faite à l'approche constructiviste des sciences : si les contenus scientifiques ou les innovations technologiques avaient un destin si lié à leurs lieux de production, aux laboratoires qui les ont vus naître, bref, aux conditions, techniques, sociales, politiques, institutionnelles et économiques, comment se fait-il qu'ils ont une réalité, une efficacité qui ne manque pas de s'observer dans le temps et dans l'espace ? Si les faits (contenus scientifiques ou technologies) sont socialement construits, comment arrivent-ils à s'imposer et à durer ? La réponse fournie par Bruno Latour est la suivante. L'universalité (relative) de leur usage tient au double travail qui est associé aux faits : a) effacer progressivement les traces des contingences qui immanquablement les affectent, et accepter de ne pas maîtriser l'ensemble de leurs processus de fonctionnement ; b) mettre en place un réseau hétérogène permettant à ces outils ou à ces produits d'avoir une efficacité, une pertinence à l'extérieur du lieu étroit qui l'a vu naître. Dans cette dernière optique, les conditions de félicité des contenus scientifiques ou techniques supposent que « l'extérieur » (la société, d'autres usagers) soit « aménagé » ou « discipliné » à l'image du laboratoire de conception. À titre d'exemple, les cartes géographiques permettant de se situer dans l'espace supposent que les repères construits dans le milieu confiné du laboratoire – et qui correspondent à des choix parfois stratégiques – soient reproduits (sous la forme de nombreux panneaux, ou plaques de rue) dans le territoire, que les compétences à les lire soient enseignées, que leur systématisation et renouvellement soient assuré par des institutions *ad hoc*, etc. L'universalité des produits suppose un coût et un effort continu pour qu'elle puisse avoir une existence dans les pratiques.

Ainsi, la production et la dissémination des contenus sous la forme de boîtes noires supposent d'une certaine manière l'ignorance (et la

---

transparence n'est par contre pas de mise dans les parties du système dont on s'abstient (délibérément ou non) de connaître les principes de fonctionnement : ce sont les « boîtes noires ».

confiance qui lui est corollaire) de l'usager ainsi que sa discipline aux conditions de leur fonctionnement.

Dans cette perspective, *la tyrannie* qui lie les pratiques quotidiennes des scientifiques et leurs résultats à la localité de leurs lieux de production, mais aussi aux circonstances de leur histoire et de leurs usages devient un argument qui oblige, selon ces auteurs, à placer à sa juste place cette dimension matérielle et interactionnelle (Knorr-Cetina 1995). S'affranchir de cette tyrannie suppose, comme nous l'avons dit des efforts importants pour les faire circuler à d'autres échelles, ce qui entraîne pour les savoirs scientifiques et techniques une opacité progressive de leurs conditions de production.

Du point de vue de l'action, c'est-à-dire des pratiques elles-mêmes, cette dimension à la fois matérielle, processuelle et circonstancielle entre dans les raisons qui façonnent les options et les choix réalisés : des croyances, des valeurs, des intérêts se trouvent incorporés dans des théories ou des instruments, mais qui s'imposent dans leurs opacités ou leurs évidences.

Selon le physicien et historien des sciences, Peter Galison, cette dépendance des contenus scientifiques aux instruments de mesure est patente dans les domaines tel la physique des hautes énergies (Galison 1997). Il nous relate, ainsi, ce qu'il considère comme un des premiers dilemmes auxquels ont dû faire face les physiciens dans leurs tentatives de visualiser le parcours des particules. En acceptant la contractualisation de leurs rapports avec les chimistes industriels de Kodak, ils ont été forcés de se rendre dépendants de certains dispositifs techniques dont on leur refusait de connaître précisément le fonctionnement. La qualité et la sensibilité des plaques photographiques leur fournissaient de précieuses informations pour prouver leurs théories : qualité et sensibilité auxquelles eux-mêmes n'auraient pu aboutir par leurs propres moyens. Cela eut plusieurs conséquences qui plongèrent les expérimentateurs dans un grand « dilemme » : en acceptant de traiter ces émulsions sous la forme d'une « boîte noire » et donc de perdre leur contrôle sur des caractéristiques essentielles de leur protocole, ils rendaient difficiles à la fois la reproductibilité et la stabilité des résultats.

Si l'objet est le résultat d'une histoire qui condense en son sein une multitude de choix réalisés par son producteur, il prolonge dans le temps et dans l'espace ces derniers. En ce sens, il est appelé un objet « média » ou encore « commissionnaire » (Jeantet, Tiger, Vinck et Tichkiewitch 1996) : en circulant, il transporte une certaine philosophie sur la manière avec laquelle les choses doivent être pensées, conçues ou résolues. Du point de vue de l'action collective, cette fois, il joue un rôle prescriptif : il dit comment le monde doit être appréhendé, il offre une direction à l'action et il implique une certaine manière de voir, de définir les usagers et leurs compétences.

La reconnaissance de cette place de l'objet dans l'action s'est traduite dans des remises en cause de l'approche par les universaux tels qu'exprimés par toute une série de sciences et qui servaient à expliquer les actions ou les comportements. Cet héritage des travaux de la STS, je vous propose de l'apprécier au travers de trois grands domaines scientifiques : celui de la cognition, de l'économie (et de la comptabilité), et celui de la science. Chacun va conceptualiser à sa manière le rôle de ces objets média sous la forme d'objets intermédiaires entre des compétences censées exister de manière *sui generis* et les pratiques telles qu'elles peuvent s'observer en situation.

Les objets intermédiaires pour les sciences de la cognition

La prétention de ces sciences est de se donner comme objet d'étude l'origine de la rationalité, l'objectivation de la pensée, ainsi que la mesure et la reproduction de l'intelligence chez l'homme. Leur aura est d'autant plus grande, diront certains, qu'elles se sont posées en programmes de recherche ambitieux indépendamment de la culture ou du social. Bref, saisir l'agir de l'humain au plus profond de son être et le faire à l'aide des outils forgés par la psychologie expérimentale sur le modèle du laboratoire. Cependant, cette perspective repose tout entière sur les seules capacités cognitives censées habiter chaque sujet. Ce qui a conduit certaines à traduire l'intelligence en autant de formes d'opérations mentales pilotées par des esprits individuels – des cerveaux – et relativement déconnectés de leurs relations avec leur environnement social ou matériel. Ce qui fait de ces approches les dignes héritières des approches par les universaux. Mais si nous abordons ces sciences de la cognition dans cette section et non dans la précédente, c'est qu'une série de chercheurs (surtout anglo-saxons) ont montré le rôle crucial que peuvent avoir des dispositifs techniques dans la manifestation de ces compétences. Des auteurs tels Donald Norman ou Edwin Hutchins vont démontrer à travers leurs études sur certains objets intermédiaires que les connaissances et la rationalité exercée dans les pratiques d'opérateurs qu'ils observent n'ont pas comme seul support le cerveau humain, mais aussi les nombreux artefacts qui encadrent leurs activités. Leur argument est que la cognition, l'intelligence ou la mémoire est *distribuée* dans l'environnement à la fois matériel et social dans lequel l'action prend place.

Ainsi, selon Norman, nous ne pouvons comprendre l'agir et la rationalité des humains en ignorant qu'ils sont tous aussi des utilisateurs actifs d'outils, d'instruments, de matériels de tout genre. Suite à ses travaux allant de la caractérisation des rapports entre l'ordinateur et ses utilisateurs, à l'analyse de la conception du menu d'un répondeur téléphonique, en passant par l'établissement des horaires de vol des avions civils, Norman montre à force d'exemples détaillés que nous ne sommes pas seuls dans les choix que nous avons à réaliser au quotidien. Le lieu où l'action se passe est truffé de dispositifs techniques – qu'il nomme des « artefacts cognitifs » (Norman 1993) – qui portent en eux des signes, des représentations, des « affordances » (Gibson 1986) qui viennent en support de la cognition humaine. Bien souvent, ces technologies qui nous environnent dans le domaine de la mobilité par exemple : voitures, routes, feux de signalisation, etc. servent de « bases de données », de repères à l'action et sont utilisés de manière quasi automatique et inconsciente par leurs utilisateurs, et donc sont peu remarquables. Ils fonctionnent comme rappel de séquences d'action. Ainsi, Norman illustre comment « nous ne cessons de récupérer les pensées en retrouvant dans l'environnement les objets qui les représentent » (Norman 1993). Ce travail inhérent à tout être humain de détection de ces connaissances ou consignes – mais difficilement appréciable et maîtrisable par la logique de l'expérimentation en laboratoire – peut s'appliquer aux objets de son environnement selon leurs caractéristiques propres. Ainsi, la capacité informationnelle des objets peut se trouver soit sur leur surface (aide-mémoire, check-lists, tableaux noirs, cadrans, etc.) et dans ce cas les symboles sont conservés sur la surface visible de l'instrument, soit à l'intérieur de l'outil et il est dès lors nécessaire d'utiliser une interface afin d'y accéder (plateforme informatique, formes de l'outil, etc.). Un artefact cognitif est défini comme « un instrument artificiel conçu pour conserver, rendre manifeste l'information ou opérer sur elle, de façon à servir une fonction représentationnelle » (p. 28). Ces artefacts peuvent être saisis selon deux points de vue très différents : soit on se place au niveau du système que forment l'utilisateur et l'outil en question, c'est notamment le cas lorsqu'un observateur extérieur regarde un usager utiliser un artefact afin de réaliser sa tâche, soit on se place du côté de l'usager lui-même. Selon le point de vue occupé, les artefacts semblent jouer des rôles très différents ; plus précisément, la distribution de la cognition au travers des personnes et des technologies peut être perçue différemment. Il est communément accepté qu'un artefact « amplifie » ou « améliore » les aptitudes humaines : la voiture nous rend plus rapides, un logiciel de gestion comptable nous rend plus intelligents et rationnels, etc. Selon Norman reprenant les travaux de Cole et Griffin (1980), cela est largement inexact. S'il existe en effet des outils pour lesquels la fonction d'amplification n'est pas contestable et ne modifie en rien la nature de ce qui est amplifié (la voix dans le cas d'un « porte-voix »), bon nombre (tels l'écriture, la mathématique, l'informatique) ne procèdent pas par amplification, mais par *transformation* : « c'est en changeant la nature de la tâche exécutée par la personne que [les outils] améliorent le niveau de performance » (p. 21).

Norman prend comme exemple la *check-list* des pilotes d'avion (Norman 1993). Du point de vue du système « individu-liste », on peut dire que la *check-list*, en reprenant les différentes procédures à suivre par le pilote avant et après le vol, améliore sa performance en la rendant plus systématique et rationnelle : elle lui évite d'oublier des paramètres en élargissant et améliorant sa mémoire. Par contre, du point de vue de l'usager, la *check-list* a une réalité quelque peu différente : l'utilisation de la *check-list* est elle-même une tâche qui transforme l'activité du pilote. Si, sans la liste, ce dernier avait à mémoriser et à planifier les différentes procédures, avec la liste, quatre nouvelles tâches à rentrer dans la routine doivent être impérativement réalisées : dresser la liste, se souvenir de consulter la liste, lire et interpréter les items sur la liste. Aussi, cette liste peut être l'occasion de redistribuer entre des acteurs différents la tâche de se souvenir des procédures, de leur hiérarchie, etc.[7] Enfin, il peut arriver que pour certains pilotes selon les circonstances, la *check-list* n'ait que peu à voir avec les objectifs de la journée ou, plus radicalement, être source d'obstacles ou même d'erreurs. Ainsi, « les artefacts ne transforment pas seulement les capacités des individus, ils changent en même temps la nature de la tâche que la personne accomplit ». Selon le point de vue envisagé, *ce que fait faire* un objet intermédiaire peut être interprété de manière très différente selon la position que nous avons par rapport à son usager.

Les objets intermédiaires pour les sciences économiques et la comptabilité

Comme nous l'avons vu lors de la présentation de l'approche par les universaux, l'homoéconomicus est doté de l'intelligence, de la rationalité nécessaire afin de se comporter tel que les théories (néo-classiques) peuvent le prédire. Outre ses capacités cognitives *sui generis*, il manifeste une volonté et une propension naturelle à se comporter de manière à allouer de manière optimale ses ressources. Cependant, à observer de plus près et en situation les comportements de ces agents économiques, on se rend compte qu'à côté du travail de théorisation qui est produite sur ces derniers, existe tout un travail parallèle de conception de disposi-

---

[7] « Dans le domaine de l'aviation, les *check-lists* de vol sont préparées par le commandant de bord de chaque compagnie aérienne, puis approuvées par la Federal Aviation Authority, et puis transmises aux pilotes qui les utilisent telles quelles, plusieurs années de suite et pour plusieurs milliers de vols » (Norman 1993b, p. 4).

tifs techniques qui viennent « cadrer » et « guider » ces mêmes comportements, de manière à ce que cette optimalité revête progressivement les attributs de l'universalité. Selon Franck Cochoy, l'une des forces de la science économique est d'avoir permis la dissémination d'outils parfois anodins, telle la mise en comparaison de manière systématique des prix ou des qualités en supermarché afin que ces habiletés ou compétences postulées aient une efficacité, une opérationnalité en situation. Ainsi, l'acte de la gestion comptable ou l'acte d'achat prennent une tout autre dimension si est pris en considération le rôle performatif de certains dispositifs techniques. Traitons-les respectivement dans les deux sections suivantes :

L'activité comptable

En ce qui concerne l'activité comptable, si nous la saisissons – comme le suggèrent des auteurs tels Théodore Porter, Peter Miller ou encore Michael Power – par le biais des outils comptables, nous pouvons observer leur caractère prescriptif sur l'activité humaine et ses acteurs. Ces auteurs démontrent qu'aujourd'hui encore la comptabilité est enseignée et utilisée comme un fait : l'outil comptable – rabattu à sa simple technicité – représente la réalité économique d'une activité humaine, aussi sûrement que les résultats d'un spectromètre de masse représentent la réalité physico-chimique des organismes vivants. Et c'est précisément de par cette « transparence » de l'outil comptable que ce dernier s'impose avec une telle efficacité.

Ainsi, dans le prolongement des études sociales des sciences et des techniques, ces historiens se sont donné pour tâche de mettre en évidence la place sociale des objets techniques dans la pratique comptable ou de comptabilité (Miller 1992 ; Hopwood et Miller 1994) et de montrer comment des dispositifs de calcul standardisé donnent vie à des idéaux produits par la théorie économique (tels l'homoeconomicus, la transparence du marché, la valeur marchande, etc.). La relation entre les pratiques et résultats économiques ordinaires et leur réification a été mise en valeur au travers d'un ensemble de recherches récentes et stimulantes[8].

---

[8] Ainsi, le développement et l'usage des outils statistiques et leurs impacts sur les pratiques assurancielles et actuarielles feront l'objet d'une analyse méticuleuse par Théodore Porter (Porter 1995 ; Porter 2000), le développement des pratiques d'audit en entreprise comme principe d'organisation et de contrôle social sera mis en valeur par Michael Power (Power 1999); la concrétisation dans le champ de la comptabilité des « vertus » de la standardisation sera analysée par Peter Miller (Miller 1992 ; Miller 2001) ; ce sont autant de recherches qui questionnent les pratiques financières et actuarielles sous leurs dimensions technique, sociale et politique.

Cette relation nous intéresse dans la mesure où elle considère que le détour par la prise en compte explicite et conceptuelle des objets et des dispositifs techniques dans les pratiques de gestion est une nécessité pour comprendre la véritable nature des jugements et décisions produits et que les enjeux du succès de ces derniers peuvent aussi se trouver au niveau local. En s'obligeant à chercher les causes du développement d'une logique quantitativiste dans les pratiques quotidiennes et routinières du calcul du type comptable, les auteurs en question se privent de manière salutaire de deux sources explicatives par trop faciles, issues de l'approche par les universaux, à savoir : a) emprunter le raccourci qui ferait de l'économie une création ou le produit spontané de la théorie économique et de ses principes généraux et b) faire référence aux qualités et motivations « naturelles » et innées de l'individu à se conduire de manière rationnelle et de baser ses choix sur l'expression d'intérêts définis a priori.

Si nous nous attardons sur les travaux de Peter Miller à propos de l'histoire de la transformation de la comptabilité de gestion au 20e siècle, l'interdépendance entre objets, usagers et mode de gouvernance devient une ressource précieuse pour comprendre *l'objet média* et ses effets multiples. Par le truchement et la rencontre de nouveaux concepts (tel le coût standard) et d'outils mathématiques et probabilistes (telle l'analyse de la variance), une étape jugée décisive va être franchie avec le passage d'une détermination a posteriori des coûts à leur détermination préalable à toute transaction. Cela implique la définition d'un coût standard de référence par rapport auquel les coûts « normaux » ou « actuels » peuvent être comparés. Ce qui devient central, c'est l'écart ou la déviance par rapport à une norme financière. La forme que va prendre le dispositif comptable et sa dissémination va avoir, selon l'auteur, au moins trois conséquences majeures :

La création d'être ad hoc. La capacité de calculer devient le propre de la prise de responsabilité : elle permet l'anticipation d'événements distants (et donc de se projeter dans l'avenir), des buts à atteindre et des moyens à utiliser. Mais pour cela, nécessité est faite de transformer les personnes en les uniformisant, en les rendant semblables et, par conséquent, « calculables ». Dans la perspective de l'acte comptable, le gestionnaire deviendrait capable de prendre des décisions éclairées et donc de faire et tenir des promesses. C'est ce que Miller appelle l'invention de « calculating selves », c'est-à-dire l'invention d'êtres se présentant, se définissant selon une aptitude, une compétence calculatoire. À l'approche essentialiste de l'homoeconomicus, Miller lui oppose l'historicité de la rencontre entre des pratiques et des techniques calculatoires et la production de subjectivation. Non pas dans le sens que la nouvelle pratique comptable soit plus subjective qu'une pratique fondée sur « l'habitude », « l'instinct » ou « le savoir-faire » et « l'expérience », mais davantage dans le sens d'une pratique capable d'engendrer ce que Foucault appelle, à la suite de Gilles Deleuze, des « lignes de subjectivation » c'est-à-dire des personnes nouvelles définies en correspondance directe avec des dispositifs socio-techniques, et dont l'identité et les pratiques se trouvent modifiées en conséquence. Ainsi, selon Miller, lier responsabilité et pratiques calculatoires (par les coûts) est l'une des conditions d'émergence de cette nouvelle ligne de subjectivation.

La poursuite du chiffre unique. Seconde conséquence majeure de la transformation de l'outil comptable dans les pratiques sociales, économiques et financières de toute organisation : c'est la traduction de processus hétérogènes et complexes (gestion du personnel comme la matière première, mode de production, rentabilité, etc.) au travers de *la poursuite du « chiffre unique »* (*single figure*) c'est-à-dire de l'objectif à atteindre, du coût standard auquel se rapprocher. Cette opération a pour raison d'être de « rendre comparables, commensurables des activités ou des processus dont les caractéristiques physiques et les situations géographiques sont très dispersées » (p. 382). L'élégance de cette réduction et le véritable tour de force (sans le faire apparaître comme tel) que la poursuite du chiffre unique présuppose a pour conséquence de faire apparaître le jugement comptable comme au-dessus des intérêts politiques et de la sphère du débat. L'élégance se pare de l'objectivité associée d'une part, à la comparaison mathématique et d'autre part, à l'acceptation par tous de l'existence de besoins et de coûts pouvant être déterminés de manière universelle.

Enfin, reprenant à la fois la théorie latourienne de l'action à distance et celle de la relation foucaldienne entre le savoir et le pouvoir, Miller rapproche l'universalité revendiquée de ces outils comptables à *l'universalité d'un mode de gouvernance.* Un schéma, un formulaire, un rapport ou encore une interface informatique comptable permettent d'agir sur les individus de manière indirecte : ils sont producteurs d'*agency* (Law 1994), rarement sous la forme de la contrainte ou de la violence physique ou morale. Au contraire, cette action à distance – qui consiste à traiter à partir d'un centre de calcul les différents processus liés à la vie de l'organisation ou de l'institution en réalisant d'incessants aller-retour par la compilation d'inscriptions et d'informations diverses (Latour 1996) – place la plupart du temps de son plein gré le gestionnaire professionnel ou amateur dans une activité continuelle de traduction, de mise en rapport avec des normes financières ou économiques. Si cela ne se fait pas toujours de son plein gré, Miller pointe néanmoins une caractéristique qui lie prise de responsabilité et mode de gouvernance : c'est la liberté d'action qui est laissée par le dispositif comptable à son usager. En effet, une fois établi le principe du calcul du retour d'investissement ou celui de la constitution d'un budget régi par l'établissement de coûts standardisés, sa marge de manœuvre – pour peu bien sûr qu'il respecte les normes économiques sous-jacentes – est volontairement grande :

> L'agent sur lequel l'influence s'exerce reste quelqu'un gardant une diversité de réponses et de réactions possibles. Au lieu de dire explicitement aux gestionnaires quel investissement choisir, pourquoi ne pas leur demander un pourcentage de retour sur investissement et les laisser « libres » de prendre des décisions quant aux placements à choisir ? Il en va de même pour la confection des budgets. Au lieu de contraindre quotidiennement les individus à des allocations strictes de ressources, pourquoi ne pas octroyer à chaque individu un certain fond dont il aura à la fois la responsabilité, mais également la liberté de gérer selon ses propres jugements ? En d'autres termes, pourquoi ne pas chercher à engendrer un individu qui viendrait à agir comme une personne s'autorégulant dans ses pratiques de calcul, et cela tout en sachant qu'il se trouve inévitablement dans des réseaux inégalitaires d'influence et de contrôle ? Et pourquoi ne pas généraliser cette technologie de gouvernance au plus grand nombre possible de domaines de la vie sociale ? Ainsi, non seulement un chef de service d'une multinationale peut-il être géré de cette manière, mais également un docteur, un instituteur ou un assistant social (Miller 2001, p. 80-381, trad. personnelle).

C'est aussi précisément cette volonté de préserver cette liberté d'action (traduite par la prise de responsabilité qui lui est liée) qui est constitutive d'un mode libéral de subjectivation et de gouvernance :

> Dans un certain nombre de sociétés occidentales et industrialisées, le « calculating self » est devenu à la fois une ressource-clé et un but à atteindre. Le « calculating self » n'est plus seulement une entité conceptuelle issue de la théorie économique. Bien plus, il est devenu un mécanisme clé pour opérationnaliser un certain modèle de la citoyenneté économique. [...] Les technologies computationnelles engendrées par la comptabilité agissent comme autant de médium par lesquels une influence civilisatrice est recherchée, notamment en transformant la gestion d'entreprises privées et d'organisations du secteur public en un incessant complexe de procédures de calcul (Miller 1992, p. 7).

L'acte d'achat

En ce qui concerne l'acte d'achat, cette fois, ce rapport circonstancié entre des principes économiques et la mise en place de dispositifs sociotechniques *ad hoc* est tout autant mis en valeur par une série d'études plus classiques quant à leurs objets. Reprenant les idées directrices de la cognition distribuée, l'économiste français Franck Cochoy se tourne vers l'étude des dispositifs matériels qui entourent, ou encore « équipent » le consommateur lorsqu'il pose ses actes d'achat en grandes surfaces (Cochoy 2002). Cette problématique emblématique et fondatrice du questionnement économique du déterminant de l'acte d'achat est ici posée de manière différente : il ne s'agit pas d'enregistrer des préférences en positionnant un consommateur ou un groupe de consommateurs dans des situations de choix différents, mais de saisir ces derniers en tant qu'ils font partie intégrante d'un système technique et architectural qui leur permette de se comporter de manière adéquate vis-à-vis des prédictions des théories économiques privilégiées. Ainsi, si nous nous référons aux études de comportements d'achats en grandes surfaces réalisées par Cochoy, nous réalisons à quel point les dispositifs, mis en place comme autant de repères à la décision, renvoient l'acte rationnel, inné et incorporé du consommateur à un produit de sa confrontation avec son environnement aménagé. On se rend compte que le consommateur éclairé perdrait très vite ses compétences s'il était lâché dans des rayons de supermarché complètement désorganisés. Pouvoir discriminer des centaines de produits les uns des autres ne devient possible que dans la mesure où on l'aide à le faire, plus précisément, dans la mesure où l'environnement devient une ressource pour le faire. Bref, il apparaît que la rationalité qui est censée habiter le consommateur (homoeconomicus) est autant présente dans sa tête que dans l'organisation d'un rayon ou dans le packaging des produits. Dans son étude à la fois précise, largement introspective et teintée d'humour, sur l'acte d'achat de tranches de jambon, Cochoy (dé-)montre que la clause *ceteris paribus* des économistes[9] (si souvent raillée par les sociologues, nous rappelle-t-il) est loin d'être une fiction théorique quand elle se retrouve incarnée par le truchement de dispositifs de labellisation quasi-standardisée :

> Tant que l'on s'intéresse aux seuls sujets et que l'on oublie complètement les objets qui servent de support à leurs choix, on peut se moquer sans retenue des capacités cognitives aussi prodigieuses qu'irréalistes dont les économistes ont doté leur créature – homo oeconomicus. Mais dès que l'on prend en compte les objets, dès que l'on s'aperçoit à quel point les instruments de « l'économie du package » décuplent les compétences cognitives de tout un chacun, on finit par rire jaune. Une fois convenablement aménagé, équipé, et partagé entre les acteurs du monde marchand, le *ceteris paribus* cesse d'être une aptitude réservée aux logiciels de traitement statistique

---

[9] La clause *ceteris paribus* (« Toutes autres choses égales par ailleurs ») est utilisée dans un modèle économique afin de mesurer l'influence de la variable explicative sur la variable expliquée à l'exclusion de tous autres facteurs. Cette clause permet de reconnaître l'influence possible d'autres variables sur le phénomène étudié, mais les exclut du modèle en les considérant comme inchangées.

ou à quelques cerveaux particulièrement performants, pour devenir une compétence et une pratique de l'acteur ordinaire (Cochoy 1999, p. 4).

L'art du packaging est celui de convaincre le consommateur que ce qui permet de discerner efficacement entre plusieurs produits de même catégorie ne repose pas sur ses seules compétences personnelles à apprécier les qualités du produit, mais sur les inscriptions laissées à la surface de leur contenant (ingrédients, poids, dates, nombre, logo, couleurs, etc.). L'emballage en tant qu'objet-média ou encore en tant qu'objet intermédiaire entre une « multiplicité de locuteurs » (les producteurs, l'État, les organismes de certification, etc.) et une « multiplicité de consommateurs » indique la distribution et redistribution des rationalités qui traversent la scène marchande.

Les objets intermédiaires dans l'activité scientifique

L'activité scientifique, pour sa pratique, est très souvent amenée à entrer en relation avec des mondes qui sont censés ne pas se mélanger avec elle : le politique (avec la définition des politiques de recherche), l'économique (avec les réseaux de financements), le social (avec ses demandes et ses ressources). Dans la perspective ouverte au début de cette seconde section – celle de la tyrannie de la localité – et l'attention portée aux objets médias, l'étude sociale des sciences et des techniques a permis de rendre compte du travail prescriptif de dispositifs techniques dans la construction de théories. Des dispositifs qui permettent de mettre en relation des mondes différents avec celui de la science. En tant qu'objet média, la liste des inventaires étudiés par Susan Leigh Star et James Griesemer (Star et Griesemer 1989) est révélatrice : l'activité de conservation étudiée leur a permis de conceptualiser la notion « d'objet-frontière » comme un objet intermédiaire permettant la mise en mouvement d'une action collective entre des scientifiques et des amateurs ou professionnels de la nature. Star et Griesemer ont étudié le mode de coordination imaginé par les responsables du Musée de zoologie des vertébrés de l'Université de Berkeley au début du 20e siècle afin de s'adjuger la coopération de trappeurs professionnels (mais aussi d'amateurs naturalistes et d'agriculteurs) dans la récolte de divers spécimens d'animaux. Leur conceptualisation de la notion d'objets-frontières repose sur la description et la fonction d'objets scientifiques qui circulent de part et d'autre des différents acteurs et de leur monde propre. Selon les auteurs, ces objets peuvent être définis comme des « objets-frontières » dans la mesure où :

ces objets scientifiques […] à la fois habitent dans des mondes sociaux qui se croisent *et* satisfont les prérequis informationnels de chacun. Les objets-frontières sont à la fois suffisamment flexibles que pour s'adapter aux besoins et contraintes des différentes parties qui les utilisent, et cependant suffisamment robustes que pour maintenir une identité propre à travers ces croisements de sites. Ils sont faiblement structurés dans leurs usages courants, et le deviennent fortement dans leur usage intra-site. Ils peuvent être abstraits ou concrets. Ils ont différentes significations selon les différents mondes sociaux, mais leur structure est suffisamment commune à plusieurs mondes que pour qu'ils soient reconnus comme des moyens adéquats de traduction. La création et la gestion des objets-frontières sont des activités centrales dans le développement et la stabilisation d'une cohérence entre mondes sociaux qui s'interpénètrent (Star & Grisemer, trad. personnelle).

Selon les auteurs, ces objets-frontières sont typiquement ceux qui reposent sur un travail préalable de standardisation. Dans leur approche inventoriale, les zoologistes avaient ainsi toute une série d'exigences concernant le mode de capture des animaux et cela, afin de satisfaire à leurs besoins scientifiques et techniques de « conservation » : par exemple, le caractère « intact », l'intégrité physique, mais aussi la description détaillée de son habitat, la rapidité de sa capture sont autant de facteurs qui sont censés garantir au spécimen son utilité scientifique.

Cette entreprise repose sur la collaboration toujours précaire et incertaine d'une série d'acteurs appartenant à des « mondes sociaux » pouvant être très différents tels les trappeurs, les naturalistes amateurs ou encore les agriculteurs, et cette collaboration repose sur la distribution et la mise en circulation au sein de ces différents mondes d'outils standardisés permettant la collecte et l'étiquetage des animaux capturés : des outils et méthodes qualifiés à la fois de rigoureux et simples et facilement appropriables par des amateurs sans aucune qualification en biologie.

Sans entrer dans le détail de ces objets-frontières, nous pouvons néanmoins illustrer leur nature en reprenant brièvement les quatre grandes catégories qui, selon les auteurs, les résument : *les stocks* qui abritent, sous la forme de l'empilement, des objets hétérogènes indexés d'une manière standardisée. Des exemples typiques de tels systèmes d'objets-frontières sont les bibliothèques ou les musées. Ce sont des objets qui peuvent être utilisés par des mondes sociaux différents pour leurs propres besoins sans avoir à négocier directement les raisons de leurs usages ; *les idéaux-types* : ce sont typiquement des objets tels les diagrammes, cartes qui ne décrivent pas de manière précise une localité ou une chose. Leur caractéristique est d'être abstrait de tout domaine et relativement vague, et c'est cette économie de la contingence qui leur fournit leur adaptabilité ; *les frontières coïncidentes (coincident boundaries)* : ce sont des objets qui reposent sur la délimitation commune d'un même territoire ou d'une même chose, mais dont le contenu des parties délimitées peut être différent. L'exemple proposé par les auteurs est une carte qui délimite l'état de Californie, mais dont le contenu des aires découpées va être variable selon les milieux sociaux qui l'utilisent ; *les formulaires standardisés* : il s'agit d'objets-frontières qui permettent de mettre en place un moyen de communication commun entre les différents acteurs. La conséquence de ces objets-frontières prend la forme d'un ensemble d'informations indexées et dont la circulation à grande échelle est donc rendue aisée.

Du point de vue de l'action collective, ces objets-frontières sont, bien souvent, conçus unilatéralement par une des parties et utilisés par d'autres dans le cadre du programme pour lequel ils ont été créés, mais pour poursuivre fréquemment d'autres buts. Ainsi, les motivations des trappeurs ou des agriculteurs à participer à des programmes de récoltes de spécimens peuvent être très différentes de ceux des zoologistes.

Dans ce sens, la liste d'inventaire agit comme un objet intermédiaire et, bien qu'il soit vague, il est surtout standardisé, issu d'un intérêt manifesté par les seuls tenants de la conservation, et construit sur une certaine manière de voir qui sont ses utilisateurs potentiels et en quoi peuvent consister leurs compétences. Elle prescrit donc des actes et de cette prescription tire son efficacité à remplir la tâche anticipée.

Quelles sont les conséquences pour l'analyse ? Si on veut comprendre les ressorts de l'action, il est quelquefois intéressant de le faire par le biais de l'étude méticuleuse de la fonction de ces objets médias dans la mesure où la manière avec laquelle ils sont construits et véhiculés renseigne non seulement sur le type de coordination produit, mais aussi sur les conceptions de leurs producteurs ou commanditaires. L'exemple des « objets-frontières » permet de montrer sur quoi l'attention de l'analyste doit se poser quand il a à traiter du rapprochement d'acteurs appartenant à des mondes sociaux différents : non seulement à des confrontations de représentations, mais aux dispositifs matériels qui quelquefois servent de supports à ces rapprochements. Étant donné que ces supports performent, la manière de performer devient l'enjeu d'une approche par les « objets intermédiaires ». Ainsi, si des volontés peuvent s'exprimer par les discours, l'étude sociale des dispositifs techniques apporte bien souvent des précisions, des nuances sur leurs conséquences dans les pratiques.

L'objet média – qu'il soit perçu sous la forme d'une boîte noire, d'un objet-frontière ou d'un objet commissionnaire – nous importe dans la mesure où sa conceptualisation permet de mettre en évidence comment dans des situations très diversifiées l'action de son producteur cadre celle de ses utilisateurs. En d'autres termes, il s'agit de mettre en évidence comment leurs choix, leurs conceptions du monde, leur histoire – par la circulation de leurs supports matériels – peuvent s'imposer à d'autres dans le temps et dans l'espace. Pour les chercheurs dont nous venons de retracer les recherches, la prise en compte des objets médias en tant qu'objets intermédiaires participe à documenter ce que veut dire cadrer une situation ou un problème. Si certains objets intermédiaires ne participent pas d'une co-construction des savoirs et de l'action avec la diversité des acteurs pour qui le problème importe (situation qui sera décrite à la proche section), ils risquent – sous l'hétérogénéité des formes qu'ils peuvent prendre (cahier des charges, protocole d'analyse, outils de diagnostic, etc.) – de ne répondre qu'aux exigences de leur seul producteur et d'engendrer des frustrations et incompréhensions d'une certaine partie des acteurs concernés.

La tyrannie de la localité peut dès lors se comprendre au moins de deux manières différentes : soit en explicitant empiriquement et conceptuellement la dépendance des dispositifs à leurs contextes sociaux, politiques, économiques et techniques, soit en témoignant de la dépendance de leur « universalité » aux réseaux nécessaires à les déployer dans le temps et dans l'espace. La tyrannie est ici conçue comme la difficulté inhérente à toute production scientifique ou technologique à la prétention d'universalité ou de généralité. La mise à l'épreuve devient dès lors cruciale afin de comprendre les raisons du succès ou de l'échec. Ainsi, la tyrannie peut également se concevoir d'une dernière et décisive manière : celle du rapport de l'objet média avec l'action collective. L'imposition implicite ou explicite, consciente ou inconsciente, assumée ou non d'un objet média permettant de diagnostiquer, de synthétiser, de documenter un problème, impose simultanément à d'autres d'une certaine manière d'envisager le problème pour lequel il est censé répondre.

Un des enjeux pour le troisième et dernier cas de figure de l'objet dans l'action, celui décrit par le concept d'objet médiateur, est précisément de placer au centre de l'activité de production ou de conception la gestion de la transparence et de l'opacité nécessaire à la démarche participative et de sa durabilité.

La conception pour des raisons d'exploration : ou l'objet en tant que médiateur

Comment cette tyrannie de la localité peut-elle se transformer en moteur de la recherche ou d'exploration collective des solutions ? Cette dernière section tente d'éclairer la dynamique autour de certains objets dans la création – souvent localisée – d'actions collectives tournées vers d'autres objectifs que celui de performer un comportement ou une représentation prescrite. On passe de la notion d'objet média à celle d'objet médiateur.

L'objet média est défini par sa fonction de transport : issu d'une localité, sa représentation matérielle en tant que support assure la présence et le déplacement d'un objectif, d'une représentation qui lui est associée. Par contre, dans une perspective de médiation, l'objet intermédiaire n'est pas d'abord là pour transporter, mais pour transformer, pour aider à composer entre des situations et des points de vue hétérogènes sur la situation à caractériser ou sur la solution à rechercher.

Avant d'aboutir à cette proposition, la sociologie de la traduction (ou encore la sociologie de l'acteur-réseau) à contribuer à préparer cette possibilité conceptuelle. Avant que ses défenseurs ne se tournent vers la question très actuelle de la démocratie technique (Callon 1998 ; Callon, Lascoumes et Barthe 2001), leurs intérêts et méthodologies d'analyse les ont portés à mettre en avant deux dimensions essentielles pour comprendre la capacité médiatrice de certains dispositifs techniques (Callon 1986) : a) dans tout travail d'innovation, la création de dispositifs « d'intéressement » sert à rendre convergents des acteurs et des intérêts hétérogènes autour d'un objectif commun (généralement défini par l'innovateur). Dans ce sens, les objets intermédiaires sont là pour aider à créer un réseau d'alliance et à affronter les aléas de la recherche ou de la conception. De ce point de vue, les dispositifs techniques mis en place doivent servir à tester des associations entre actants (acteurs humains et non-humains) dont on pense qu'ils sont cruciaux pour le succès du projet ; b) ce dont la sociologie de la traduction tente de rendre compte, c'est le poids de l'histoire dans ces tentatives d'associations et de leurs impacts sur les dispositifs techniques qui sont produits tout au long du déroulement de l'action : chaque alignement (ou au contraire dissociation) des volontés ou des intérêts modifie les caractéristiques de l'objet (un dispositif de transport en commun, une carte de réseau écologique, etc.). Ce dernier peut dès lors servir, autant pour l'observateur que pour les acteurs engagés, de traceur des relations ou du réseau en train de se faire ou de se défaire.

C'est dans cette double perspective que peut se comprendre l'originalité de l'apport des études relationnistes sur le vaccin par Pasteur (Latour 1984), sur certaines tentatives de conception de moyens de transport tel que le quasi-métro Aramis (Latour 1992), le métro VEL ou l'avion de chasse TSR2 (Callon et Law 1997).

Il a fallu attendre les travaux de Dominique Vinck et Alain Jeantet dans le domaine de la conception industrielle pour prendre la pleine mesure du rôle des objets intermédiaires en tant qu'outils d'exploration en situation participative. En capitalisant à la fois sur la figure de l'innovateur, sur les capacités d'articulation des objets (*agency*) et sur le travail de composition des points de vue, ils ont proposé une description non essentialiste et surtout non séquentielle des opérations de conception dans le domaine du design industriel, les nombreux artefacts techniques permettant de nombreux aller-retour entre différents protagonistes de la conception (de pièces automobiles) et de leurs points de vue (Jeantet 1998). Pour cela, ils ont mis en évidence le rôle joué par une grande variété d'objets techniques (graphes fonctionnels, esquisses, modèles informatiques, maquettes virtuelles ou physiques, bases de données, etc.) permettant la flexibilité du travail de conception.

S'appuyant sur des recherches sur l'actantialité (agency) des objets en STS, Dominique Vinck et l'équipe du CRISTO vont lier l'approche sociologique des objets avec celle de la conception industrielle. Ils le feront en partant d'une prémisse : celle d'un changement organisationnel à l'origine du passage de l'idée au produit fini. Il s'agit en l'occurrence du passage de la démarche traditionnelle et linéaire scandant le travail de conception en autant d'étapes irréversibles vers une démarche plus « intégrée » puisque saisie dans sa globalité et impliquant, dès l'amont du processus de conception, l'ensemble des compétences nécessaires à sa gestion (Midler 1996). Suivant une démarche ethnographique, Jeantet (Jeantet 1998) témoigne de la prolifération d'objets de formes, de contenus ou de fonctions très variés (inscriptions, dessins, prototypes, etc.) au cours du travail de conception. Ces objets sont qualifiés d'éphémères parce que dans la perspective du produit final, ils revêtent une existence transitoire. Ils sont ce qui aide « à avancer » ; et la manière d'avancer ici les importe. Contrairement à la plupart des ingénieurs qui ne verraient dans ces objets « que » la concrétisation technologique et littérale d'une idée ou d'une hypothèse, et contrairement à certains sociologues pour lesquels ces objets ne sont « que » la matérialisation de rapports de forces préexistants, nos auteurs redonnent vigueur aux hypothèses centrales de l'actantialité des objets (Latour 1984 ; Law 1994 ; Knorr-Cetina 1997) : les objets servent de points de repère, de négociations, de mémoires, de supports à d'autres actions. Concrétisation donc, mais aussi transformation : ces objets participent par leur(s) nature(s) à modifier le travail de conception, la position des protagonistes, voire même leur identité[10] et peuvent quelquefois « agir pour leur propre compte » (Jeantet, Tiger, Vinck et Tichkiewitch 1996).

D'un point de vue méthodologique, la conséquence est que préalablement à l'objectivité du produit fini, les objets du travail de conception eux-mêmes sont nécessairement locaux et liés aux circonstances et

---

[10] C'est notamment le cas suite à l'utilisation d'un nouveau procédé, à la prise en compte d'une solution minoritaire ou à la création d'une fonction d'acteur-projet au sein de l'organigramme de l'entreprise.

conjectures. Cela implique de les saisir en tant que tels et de ne pas les séparer de ce travail progressif d'agencement ou de traduction.

La proposition qui consiste à définir ces objets en tant « d'objets intermédiaires » vise à les définir par rapport au produit final et par rapport à leur rôle dans le processus de conception lui-même. En ce sens, la réflexivité de ce dernier passe par l'usage d'objets pour peu que ces derniers satisfassent à certaines conditions que nous allons voir. Le travail de conceptualisation des objets intermédiaires qu'ils ont réalisé nous est précieux puisqu'il partage avec l'approche environnementale, peut-être davantage qu'avec les autres courants de recherche mentionnés précédemment, une exigence de gestion coopérative d'un processus (industriel ou environnemental) et donc le souci de lier le développement d'un produit, d'une expertise ou d'une solution à un mode d'organisation compatible.

Dans un souci typologique, deux axes conceptuels viennent structurer l'espace dans lequel les différents objets intermédiaires peuvent s'inscrire : celui qui définit la « force » d'action des objets et celui qui définit la « forme » d'action. En droite ligne des travaux de la cognition distribuée, les auteurs rendent inséparable le devenir technique du devenir social de ces objets : ce double axe renvoie aux capacités des objets comme aux capacités de leurs usagers.

Selon le premier axe, se trouve distingué l'objet-commissaire de l'objet-médiateur (ou encore traducteur). Il qualifie respectivement l'objet neutre – celui dont on ne peut rien dire, car il ne fait que représenter fidèlement l'état de la nature (correspondance aux caractéristiques naturelles ou techniques anticipées) ou l'état de la société (correspondance à des rapports de force préexistants) – et l'objet-traducteur – celui qui inévitablement transforme ou déplace l'intention qui préside à la conception (Jeantet, Tiger, Vinck et Tichkiewitch 1996). C'est bien entendu ce dernier cas de figure qui intéresse les auteurs de ce présent ouvrage. L'objet médiateur se trouve inséré dans une histoire qui lie, à la fois, l'état des connaissances produites sur le problème et l'état des rapports sociaux qui se sont tissés (avec succès ou non) par le biais de cet objet transitoire. De plus, la concrétisation sous la forme matérielle (ou conceptuelle) de cet objet médiateur rend possibles – par les différentes appropriations qui peuvent en résulter – des devenirs différents, alternatifs ou difficilement anticipables. Le devenir socio-technique d'une idée, lorsqu'elle se trouve traduite dans de tels objets intermédiaires, se trouve décuplé, distribué et pèse sur son destin en lui donnant un support pour circuler (cf. la contribution de Patrick Steyaert dans cet ouvrage).

Le second axe, celui qui concerne la « forme » de l'objet, caractérise avant tout la marge de manœuvre laissée à son utilisateur. Un objet est dit « fermé » lorsqu'il joue un rôle avant tout prescriptif : un dessin technique reprenant dans les détails le mode opératoire de la confection d'une pièce mécanique laisse peu de place à l'interprétation de l'opérateur. Un objet intermédiaire est dit par contre « ouvert » lorsque plusieurs interprétations peuvent survenir dans son usage. Dans le compte rendu que fait Christophe Midler des conditions de conception de la voiture Twingo, il montre comment la création d'une nouvelle fonction dans l'entreprise (l'acteur-projet) permet de mettre au point un dispositif de conception et un suivi de l'innovation qui soient transversaux aux découpages traditionnels par métiers. Ainsi, la discussion sur le cahier des charges et sur la conception de l'automobile est rendue collective autour de la collaboration, dès l'amont, de représentants de tous les départements concernés. La mise au point d'un espace itinérant de discussions, de supports matériels en appui à la discussion (maquettes, comptes-rendus, etc.) et partagés à l'ensemble des protagonistes, et l'incitation à ce que tous puissent donner leur avis sur des thématiques qui ne relèveraient pas forcément de leur compétence « officielle » ou « institutionnelle », rend délibératoire à la fois le problème qui est posé localement et collective la manière de le traiter. Dans ce cas de figure, l'utilisateur de la pièce (via le travail d'intéressement de son représentant) peut peser sur la trajectoire de l'objet futur. Il existe, dès lors, une véritable opportunité de distinguer le passé du futur du projet de conception. La rencontre de l'objet ouvert et de ses utilisateurs est, non seulement source de coordination, mais aussi de création.

Cette définition typologique des objets intermédiaires vient soutenir avant tout des modes de coopération au sein du travail industriel et scientifique (Vinck 1999). Ainsi, selon Alain Jeantet, les objets intermédiaires de la conception industrielle (les normes, les glossaires, les dessins industriels, les bases de données, etc.) sont considérés comme autant de formalismes visant à « constituer des espaces de coordination permettant de faire circuler les états successifs de mise en forme du produit et à créer un espace de mise en accord des acteurs à leur propos » (Jeantet 1998). Dans ce sens, les objets transitoires servent de repères, de prises (Bessy et Chateauraynaud 1995) ou de langage commun par lesquels le partage d'expérience est rendu possible entre des acteurs différents et hétérogènes. Ils peuvent constituer, dans certains cas, le plus petit commun dénominateur sur lequel peut reposer l'objectif commun ou la tentative d'une entreprise commune (Star et Griesemer 1989). Dans le cadre d'un processus de conception « intégré[11] », les objets médiateurs et ouverts peuvent rendre possible un véritable processus « d'apprentissages croisés » (Hatchuel 1999). La valeur ajoutée dans le travail de conception ne se mesure plus au travail d'anticipation et de construction d'un cahier des charges omnipotent ou d'une stratégie de planification des tâches censées permettre la conduite et le passage d'une équipe à l'autre, mais à celui de traduction entre des acteurs hétérogènes, dans le temps et dans l'espace, également mobilisés en amont de la conception et dont on fait le pari que les objets intermédiaires soient capables « d'enrichir la définition du produit par l'apport des points de vue et des contraintes dont sont porteurs de nouveaux acteurs » (Jeanet 1998). Il s'agit là non seulement d'une hypothèse heuristique et pratique, mais aussi d'une hypothèse politique pour laquelle des choix d'allocation de moyens, de distribution de la parole, de rapports de légitimité doivent être posés préalablement ou au cours de la mise en place du dispositif de gestion. Cette dimension organisationnelle et procédurale associée aux objets intermédiaires est probablement celle qui a eu le plus de succès à faire rentrer cette logique dans le domaine de la gestion environnementale, elle-même en prise avec des objets de la nature, des dispositifs sociotechniques et des acteurs hétérogènes.

Enfin, en guise de dernier exemple, si nous quittons la sociologie de la conception industrielle pour celle des pratiques médicales, nous pouvons mettre en exergue le rôle d'objets médiateurs dans les relations entre toxicomanes et thérapeutes ou spécialistes de la dépendance aux drogues. Cette étude de cas est exemplaire du déplacement de soucis de recherche et de conceptualisations forgées dans le domaine de la sociologie de la science et de la technologie, mais permettant de re-questionner certains présupposés guidant d'autres domaines tels la pharmacologie ou la sociologie médicale.

Les objets intermédiaires dont traite Émilie Gomart (Gomart 2004) – si on les rapporte à leurs capacités d'agencement ou de coordination – dessinent un tout autre « collectif » que celui des objets-frontières de Star et Griesemer. Si les objets-frontières représentent le plus petit commun dénominateur entre les différents acteurs[12], le monde qu'ils dessinent est à la grandeur de ce dénominateur commun. Par contre,

---

[11] Christophe Midler nous offre à ce sujet le superbe cas de la conception de la voiture Twingo. Il parle à ce sujet du modèle « tourbillonnaire » en opposition au modèle linéaire et fordien organisé par métiers (Midler, 1996).

[12] Le formulaire standardisé sur lequel est rapportée la prise de l'animal n'est, en effet, pas aussi détaillé ou complexe que ne l'auraient souhaité les zoologistes s'ils avaient à réaliser eux-mêmes la capture ; de même, ce formulaire est le maximum que pourraient accepter les trappeurs, les agriculteurs ou les amateurs eu égard à leurs capacités ou leurs propres intérêts.

dans les cas de thérapies par l'usage de drogues de substitution (telle la méthadone), c'est précisément l'engagement des acteurs dans la confection ou l'immersion dans le dispositif qui définit leur position à la fois en tant que sujet et dans l'action collective.

Émilie Gomart montre bien comment l'identité et donc la présence de l'utilisateur de drogues en phase de traitement sous méthadone passe par la description et la négociation des techniques d'administration et de la qualité des substances qui entrent dans la confection de leurs « cocktails » et qui leur permettent de se situer par rapport à leur dépendance, leur groupe ou par rapport au personnel soignant de l'hôpital, notamment selon les effets produits et qui les affectent. La méthadone – en tant qu'objet médiateur – et son usage permettent à l'auteur de contraster deux manières d'envisager la relation entre un usager et sa drogue : celle consacrée par les « spécialistes » de la toxicomanie (et qui épouse le point de vue pharmacologique) et celle expérimentée par les défenseurs de l'usage des drogues de substitution.

Dans le premier cas de figure (et auquel correspondent des lois, des institutions de soins, de recherche et d'enseignement, etc.), la thérapie est envisagée selon une certaine manière de voir ce qu'est une personne (qu'elle soit toxicomane ou non) et ce qu'est une drogue. La personne est conçue comme tendant naturellement vers l'indépendance et l'autonomie. La vie la conduit à se soustraire progressivement des liens de dépendances (vis-à-vis des parents, de l'école, etc.) afin de pouvoir exprimer librement ses choix et de maîtriser sa destinée. Dans cette perspective, la dépendance à une substance illicite telle une drogue est une menace pour sa capacité à agir de manière responsable. La substance, quant à elle, est appréhendée comme la cause de cet état et comme ayant des effets défavorables, immédiats, fixés et prédictibles. Les modalités de la thérapie qui en découle tournent autour d'un principe : l'*abstinence* comme condition *sine qua non* de tout traitement. Nécessité est faite de se mettre dans les conditions (qui devraient être celles de toute personne saine, tel le personnel soignant) pour entrer dans une relation thérapeutique. Autant la condition de sujet (l'usager ou le non-usager) que la définition de la substance est donnée à l'avance et il n'existe pas d'intermédiaires entre l'autonomie et la dépendance, entre être un sujet « complet » et perdre sa subjectivité. « [Pour ces spécialistes] les drogues ne pourront jamais devenir des parties constitutives pour la construction des sujets » (Gomart 2004).

Dans le cas des partisans de l'usage thérapeutique des drogues de substitution, certaines substances ne deviennent plus des obstacles à la construction de relations humaines, surtout à celle qui lie le thérapeute et le toxicomane. En prenant acte des échecs des thérapies requérant l'état de sevrage comme condition initiale à toute intervention et en évitant de se donner des hypothèses trop lourdes de conséquences[13], il s'agit de viser d'abord la *stabilisation* de l'usager de drogue. Les promoteurs de la substitution, tels que les gestionnaires de la Clinique bleue étudiée par Gomart, partent de deux hypothèses : le sujet se réalise (*achieved*) au travers d'habitudes, de techniques, de routines, et les drogues peuvent jouer un rôle important dans cette réalisation ; de plus, le personnel soignant peut aussi constituer, à côté des molécules chimiques, une source de contraintes par leurs théories et conceptions et donc jouer un rôle dans la performation de ces sujets. L'usage de la méthadone, comme substitut pharmacologique à l'héroïne, devient un objet médiateur au sein du traitement thérapeutique : il devient une technique pour agir *avec* le patient. En effet, l'effet biologique de la méthadone[14] permet d'éliminer la succession destructrice des états de plaisirs intenses et de douleurs aiguës. Toujours selon l'auteur, le processus de stabilisation est documenté à de nombreuses reprises au sein de la relation thérapeutique via sa représentation graphique sous la forme d'une courbe qui s'aplanit progressivement. Outre ses effets physico-chimiques, la méthadone implique une attitude active de l'usager à combiner sa prise quotidienne avec une activité professionnelle ou sportive, celle-ci redevenant possible. Selon les tenants de la substitution, l'originalité du dispositif expérimental mis en place permet d'intégrer le phénomène lui-même. Il s'agit de trouver les bons moyens afin de s'adresser à l'usager et en reconnaissance de ce qui fait sa spécificité. Ce qui, remarque Gomart, n'était pas le cas dans l'imposition du sevrage :

> Le problème fut [...] que les spécialistes avaient mis au point une mauvaise situation expérimentale : ils avaient créé une situation dans laquelle, quelle que soit la réponse fournie par l'usager au traitement, il ou elle ne pouvait que confirmer leurs hypothèses initiales sur les toxicomanes, à savoir qu'ils ne sont que des « carcasses vides ». En utilisant le vocabulaire philosophique, les usagers de drogues « n'avaient que peu de chance de pouvoir s'exprimer en des termes qui n'auraient déjà été établis par les expérimentateurs » (Despret 1997) (trad. personnelle).

Par contre, lorsque l'état stable, produit en partie par l'action de la méthadone[15], « est qualifié en termes de recherche de confort ou de bien-

---

[13] Hypothèses telles que l'on doit avoir affaire à des personnes redevenues capables de prendre des décisions et ne plus être sous influence ; hypothèses catastrophiques dans le cas de patients en état d'extrême dépendance.

[14] La méthadone, bien qu'induisant aussi une dépendance de longue durée et provoquant une impression de vacuité, est souvent réservée aux usagers les moins fragiles.

[15] Mais comme le souligne Gomart, la méthadone – en tant que molécule – ne constitue qu'une partie du dispositif mis en place. Bien qu'essentiel, son caractère médiateur est partagé avec d'autres caractéristiques du dispositif mis en place par la clinique,

être, l'équipe soignante permet que soit établie une équivalence entre l'héroïne et les produits de substitution qui se fasse dans les termes établis par les usagers » (Gomart 2004).

Pour l'auteur, un dispositif qui repose sur des objets médiateurs doit s'appuyer, autant pour son fonctionnement que pour son analyse, sur deux principes : a) préalablement à la mise en fonctionnement du dispositif (ici, le traitement sous méthadone), il faut éviter de se référer à des sujets déjà constitués et étant définis au préalable par des propriétés connues. Bien que ce principe soit loin de faire l'unanimité, l'intuition est de pouvoir se mettre dans les conditions pour comprendre comment de nouvelles capacités et/ou identités peuvent être produites chez les sujets par leur passage au travers du dispositif en question ; b) pour cela, il s'agit de s'adresser d'une certaine manière aux sujets – certains diraient leur faire une proposition – qui soit intéressante, c'est-à-dire qui puisse répondre à des exigences qui n'émanent pas uniquement de la partie qui a l'initiative, telle le personnel soignant. En d'autres termes, un dispositif basé sur la médiation doit permettre de tenir compte de la récalcitrance et de la spécificité des sujets (Stengers 1999) et que ces derniers puissent, d'une manière toujours à inventer, contribuer à définir en quoi cette récalcitrance peut consister (Stengers 2006). Ce qui, dans le cas étudié par Gomart, implique à la fois, la reconnaissance d'un état de dépendance, de ce que cet état implique et de s'adresser à la volonté des usagers dans des termes partagés. Dans leur souci de développer une sociologie des « attachements », Émilie Gomart et Antoine Hennion (Gomart et Hennion 1999) optent ainsi pour une conception non plus seulement contraignante des techniques, mais aussi et surtout pour une conception « générative » des dispositifs (cf. la contribution de Teulier et Hubert dans cet ouvrage) ; c'est-à-dire que – pris et produit dans l'action – ces dispositifs permettent de révéler, de multiplier de nouvelles capacités dans le chef des personnes qui les traversent.

Conclusion

Afin de conclure, quels sont les enseignements que nous pouvons tirer pour l'analyse de cette conceptualisation des objets intermédiaires en tant qu'objets médiateurs ?

Premièrement, que cela soit dans la perspective ouverte par la sociologie de la traduction, de la médiation ou la sociologie de la conception industrielle, l'analyse à distance (historique) ou dans l'action (recherche-intervention) essaye de suspendre a priori d'éventuelles hypothèses

---

telles que son architecture, la trajectoire des patients et la négociation avec l'utilisateur de drogue de la manière de qualifier son état, etc.

quant à la composition du collectif (Barbier 2007). Ce qui compose ce dernier est une conséquence du travail d'exploration des porteurs du projet et non une donnée de base pour s'engager dans le travail de conception ou d'expérimentation. De plus, la nature des compétences (voir des identités) des protagonistes est, elle aussi, découverte ou révélée dans l'action : un technicien peut très bien avoir un avis pertinent sur des dimensions économiques, sociales ou politique du projet et inversement, un responsable de marketing pourrait très bien faire des suggestions sur la conception technique du produit (Midler 1996).

Deuxièmement, l'activité prédictive et anticipatrice basée sur la maîtrise a priori de la réalité cède la place à la prise en compte explicite de l'incertitude, de l'aléa. Ce dernier est perçu comme moteur et non comme source d'entraves à l'activité d'agencement ou de conception des acteurs au sein du collectif en construction. Il devient un indicateur du travail d'expérimentation : le bon moyen de faire des propositions intéressantes est toujours à inventer. Comme nous pourrons le constater lors des différentes études de cas abordées dans ce présent ouvrage, le travail d'exploration par le biais de la construction progressive d'objets intermédiaires intervient bien souvent suite à un constat d'échec, de lacune ou d'ignorance qui met en péril les politiques initiales de diagnostic ou de prise en charge du problème environnemental.

Troisièmement, les objets intermédiaires en tant qu'objets médiateurs n'ont plus comme fonction première de cadrer des situations, mais – face à l'incertitude et la nécessité de composition – de rendre explicite et actionnable le travail d'articulation entre des êtres hétérogènes. Ces objets et la manière avec laquelle ils sont définis ou réappropriés participent explicitement à la construction collective du problème : ils sont à la fois leurs supports, mais aussi leurs conditions de production.

Enfin, toujours du point de vue de l'analyse, l'intérêt porté aux objets médiateurs se dédouble : d'une part, il porte à la fois sur sa forme et son contenu, c'est-à-dire que la matérialité de l'objet intermédiaire peut participer activement à son rôle d'articulation (*agency*)[16] ; d'autre part, comme nous le verrons lors des études de cas en « gestion environnementale », il porte également sur la dynamique collective entre les différents protagonistes[17]. Et de ce point de vue, la place d'un médiateur

---

[16] Tels les effets biochimiques de la méthadone, l'opérationnalité des supports à la conception automobile, etc.

[17] La durabilité des effets biochimiques de la méthadone sur la stabilisation des usagers de drogues est dépendante du mode de relation que le personnel soignant établit avec eux ; le caractère ouvert de certains supports (maquettes, comptes-rendus, etc.) n'est capitalisable en termes de médiation que s'ils sont mobilisés au sein d'une équipe ayant certaines caractéristiques.

humain dans le travail de conception de l'objet intermédiaire joue un rôle qui va se révéler crucial pour l'action collective.

Bibliographie

Barbier, R., Trepos, J.-Y., « Humains et non-humains : un bilan d'étape de la sociologie des collectifs », in *Revue d'anthropologie des connaissances*, n° 1, 2007, p. 35-58.

Bessy, C., Chateauraynaud. F., *Experts et faussaires. Pour une sociologie de la perception*, Paris, Métailié, 1995.

Bloor, D., *Knowledge and Social Imagery*, Londres, Routledge & Kegan Paul, 1976.

Callon, M., « Éléments pour une sociologie de la traduction. La domestication des coquilles Saint-Jacques et des marins-pêcheurs dans la baie de Saint-Brieuc », in *L'Année sociologique*, n° 36, 1986, p. 169-208.

Callon, M., « Des formes de démocratie technique », in *Annales des mines*, 1998, p. 63-73.

Callon, M., P. Lascoumes et Y. Barthe, *Agir dans un monde incertain. Essai sur la démocratie technique*, Paris, Seuil, 2001.

Callon, M. et J. Law, « L'irruption des non-humains dans les sciences humaines : quelques leçons tirées de la sociologie des sciences et des techniques ». in Reynaud B. (dir.), *Les limites de la rationalité. 2. Les figures du collectif*, Paris, La Découverte, 1997, p. 99-118.

Cochoy, F., *Une sociologie du packaging ou l'âne de Buridan face au marché*, Paris, PUF, 2002.

Collins, H. M., *Changing Order. Replication and Induction in Scientific Practice*, Londres, Sage publications, 1985.

Galison, P., *Image and Logic. A Material Culture of Microphysics*, Chicago, The Chicago University Press, 1997.

Gibson, J. J., *The Ecological approach to visual perception*, Hillsdale, Lawrence Erlbaum Associates, 1986.

Gomart, E., « Surprised by Methadone : In Praise of Drug Substitution Treatment in a French Clinic », in *Body & Society*, n° 2-3, 2004, p. 85-100.

Gomart, E., Hennion A., « A sociology of attachment : music amateurs, drug users », in J. Law et J. Hassard (dir.), *Actor Network Theory and After*, Blackwell publishers/The Sociological Review, 1999, p. 220-247.

Hatchuel, A., « Connaissances, modèles d'interaction et rationalisation », in *Revue d'économie industrielle*, n° 88, 1999, p. 189-209.

Hopwood, A. G. et P. Miller, *Accounting as social and institutional practice*, Cambridge, Cambridge university press, 1994.

Jasanoff, S., Markle, G. E., Petersen, J. C., Pinch, T. J. (dir.), *Handbook of science and technology studies*, Londres, Sage publications, 1995.

Jeantet, A., « Les objets intermédiaires dans la conception. Éléments pour une sociologie des processus de conception », in *Sociologie du travail*, n° 3, 1998, p. 291-316.

Jeantet, A., Tiger, H., Vinck, D., Tichkiewitch S., « La coordination par les objets dans les équipes intégrés de conception de produit », in G. de Terssac et E. Friedberg (dir.), *Coopération et Conception*, Paris, Octares Éditions, 1996, p. 87-100.

Knorr-Cetina, K., « Laboratory Studies. The Cultural Approach to the Study of Science », in S. Jasanoff et G. E. Markle (dir.), *Handbook of Science and Technology Studies*, Londres, Sage publications, 1995, p. 140-166.

Knorr-Cetina, K., « Sociality with Objects. Social Relations in Postsocial Knowledge Societies », in *Theory, Culture & Society*, n° 4, 1997, p. 1-30.

Latour, B., *Les Microbes. Guerre et paix*, Paris, Métailié, 1984.

Latour, B., *La Science en action*, Paris, La Découverte, 1989.

Latour, B., *Aramis ou l'amour des techniques*, Paris, La Découverte, 1992.

Latour, B., « Le "pédofil" de Boa Vista – montage photo-philosophique », in B. Latour, *La clef de Berlin. Et autres leçons d'un amateur de sciences*, Paris, La Découverte, p. 171-225, 1993.

Latour, B., « Que peuvent apporter l'histoire et la sociologie des sciences aux sciences de gestion ? », in *XIII Journées Nationales des IAE*, Toulouse, 1996.

Latour, B., Woolgar S., *La vie de laboratoire*, Paris, La Découverte, 1988.

Law, J., *Organizing modernity*, Oxford, B. Blackwell, 1994.

Midler, C., *l'auto qui n'existait pas. Management des projets et transformation de l'entreprise*, Paris, Interéditions, 1996.

Miller, P., « Accounting and Objectivity : The Invention of Calculating Selves and Calculable Spaces », in *Annals of Scholarship*, n° 1-2, 1992, p. 61-86.

Norman, D. A., « Les artefacts cognitifs », in B. Conein, N. Dodier et L. Thévenot (dir.), *Les objets dans l'action*, Paris, EHESS, n° 4, 1993, p. 15-34.

Norman, D. A., Things that make us smart. Defending human attributes in the age of the machine, Reading, Addison-Wesley, 1993.

Pestre, D., *Introduction aux Science Studies*, Paris, La Découverte, 2006.

Star, S. L. et J. Griesemer, « Institutional ecology, "translations" and boundary objects : Amateurs and professionals in Berkeley's Museum of Vertebrate Zoology, 1907-1939 », in *Social Studies of Science*, n° 19, 1989, p. 387-420.

Stengers, I., « Le développement durable : une nouvelle approche ? », in *Alliage*, n° 40, 1999.

Stengers, I., *La vierge et le neutrino. Les scientifiques dans la tourmente*, Paris, Les empêcheurs de penser en rond, 2006.

Van Helden, A. et T. L. Hankins (dir.), « Instruments », in *Osiris*, Chicago, University of Chicago press, 1994.

Vinck, D., *Du laboratoire aux réseaux*, Luxembourg, Office des publications officielles des Communautés européennes, 1992.

Vinck, D., *Ingénieurs au quotidien*, Grenoble, Presses universitaires de Grenoble, 1999.

Vinck, D., « Les objets intermédiaires dans les réseaux de coopération scientifique », in *Revue française de sociologie*, n° 2, 1999, p. 385-414.

Wise, M. N. (dir.), *The values of precision*, Princeton, Princeton University Press, 1995.

De l'environnement au développement durable

Le rôle des médiateurs

Marc MORMONT* et Bernard HUBERT**

*Professeur au département des sciences et gestion
de l'environnement, Université de Liège
**Directeur de recherche à l'Institut national
de la recherche agronomique

L'émergence des « objets intermédiaires » dans l'analyse sociologique des politiques environnementales n'est pas fortuite. Elle prend place dans les transformations récentes de ces politiques qui tendent à se définir comme politiques de développement durable dont l'ambition est de réorienter le développement et non plus seulement d'en limiter les conséquences dommageables. Cet infléchissement est loin d'être accompli. Nous faisons l'hypothèse qu'il ne s'agit pas seulement d'un changement d'objectifs et de moyens, mais qu'il s'agit aussi d'un changement dans l'action publique elle-même dans la manière dont elle se traduit, dans les rapports qu'elle tend à instaurer entre les acteurs, bref dans les médiations qu'elle construit. Parmi ces médiations interviennent à la fois des objets et des forums. Les objets, ce sont d'abord ce qu'on appelle classiquement des instruments qui sont, dans une perspective classique, les moyens des politiques publiques : de simples instruments, de média, ils deviendraient des médiateurs. Quant aux forums, de simples espaces de discussion ou de négociation de la mise en œuvre, ils deviendraient des espaces sociaux d'élaboration ou de conception de l'action.

De l'environnement au développement durable

Les politiques d'environnement ont des antécédents anciens quand, au 19e siècle, les premières mesures de lutte ont été adoptées. À cette époque on ne parle pas d'environnement, mais d'une série de nuisances qui sont perçues comme les conséquences inévitables d'un progrès industriel que ces dégâts ne rendent pas contestable. Il faut les limiter et cela a donné lieu d'abord à des formes de régulation qui cherchaient non à protéger l'environnement ou la nature ou encore les ressources, mais à trouver des équilibres satisfaisants entre le développement industriel massif et brutal et les dommages aux intérêts de certains groupes ou populations (propriétaires fonciers, riverains, habitants). Ensuite se sont développées, toujours à l'initiative des États, des formes de gestion d'un certain nombre de biens collectifs comme l'alimentation en eau potable ou l'aménagement des villes en ce compris l'assainissement des eaux usées, très souvent simplement en les canalisant vers des exutoires jugés peu problématiques, fleuves ou rivières, voire directement mers et océans en zone littorale. Parallèlement les premières mesures de protection de la nature se sont développées sous la forme de parcs et des réserves à fort contenu patrimonial et sur des espaces faiblement productifs. Toutes ces politiques ont été des manières de contenir les nuisances qui ne remettaient pas en cause le mode de développement industriel dont on limitait les nuisances et canalisait les pollutions. D'ailleurs les premiers espaces mis en réserve, au début du 20e siècle, n'ont-ils pas d'abord concerné les colonies, avec des réserves de faunes et surtout des forêts classées, destinées à contingenter la production de bois d'œuvre, mais surtout en tant que combustible ?

Très longtemps le champ d'action publique n'est pas unifié. C'est une diversité d'objets qui relèvent de politiques sectorielles différentes, parfois nationales, par exemple quand il s'agit de normes industrielles ou de la forêt publique, souvent locales quand il s'agit de leur application ou quand il s'agit d'objets comme les déchets ou l'eau potable qui sont laissés à l'initiative des collectivités locales.

C'est à partir du milieu du 20e siècle qu'émerge l'environnement avec les questions soulevées par l'usage intensif des engrais et des pesticides en agriculture, l'industrie nucléaire et la reconnaissance de l'état de dégradation de certains milieux comme certains écosystèmes aquatiques, ou les atmosphères urbaines. La conscience d'une certaine limitation des ressources en regard de leur utilisation pour la production affleure avec les travaux du Club de Rome. Dans cette nouvelle conjoncture émergent des questions de choix technologique et de régulation des activités de production. La science joue un rôle-clé dans la formulation de ces diagnostics et l'État s'empare de ces constats pour développer une série de mesures de contrôle : des années 1970 aux années 1990, spécialement à partir du niveau européen, vont s'élaborer toute une série de normes techniques de limitation des pollutions. C'est aussi que les préoccupations environnementales ont trouvé des porte-parole militants qui pèsent sur l'opinion et des publics attentifs, spécialement au niveau local où se manifestent des oppositions parfois farouches aux « projets » de développement. Le nombre des problèmes à traiter s'accroît dans ce cadre renouvelé qu'est l'environnement. La tension avec le développement technique et économique est manifeste.

Mais le pari général qui sous-tend les politiques publiques d'environnement de ces années est celui de la modernisation écologique. Le pari est de faire jouer la pression activiste sur l'État pour qu'il incite les entreprises à innover. Par le jeu combiné du marché et de l'innovation, on pourra surmonter le défi écologique en inscrivant sa prise en compte dans le développement continu de la modernité. C'est une vision qui s'inscrit dans la croyance qu'on peut s'appuyer sur la science non seulement pour connaître les exigences ou les contraintes environnementales, mais aussi pour orienter le développement dans une trajectoire plus propre via la mise au point de nouvelles technologies. Deux types d'instruments nouveaux vont être mis en œuvre. D'une part, des instruments économiques sont élaborés, destinés à inciter à ce changement technologique. Et d'autre part, une industrie des technologies propres, dont des technologies de la restauration, se développe, dont on espère qu'elle soit un facteur de progrès économique qui maintienne la suprématie de l'innovation. C'est aussi le pari du double dividende : technologies et produits propres seront aussi plus performants et plus rentables.

L'environnement est aussi devenu une question civique. Avec la mise à l'agenda de ces questions dans les enceintes des organisations des Nations unies, la constitution d'une part de grandes organisations environnementales, puis des partis écologistes, et d'autre part la prolifération d'oppositions locales et ponctuelles à des projets (le phénomène Nimby), des acteurs de la société civile émergent et pèsent sur le champ politique. Cela fait émerger une demande plus ou moins diffuse de participation, de justification des décisions, de contrôle du public sur l'action de l'État, alors que jusque là celui-ci procédait souvent à une négociation avec les industriels pour trouver les compromis acceptables, contrôlés par une police administrative : émergent donc des instruments politiques nouveaux qui reconnaissent à des acteurs civiques une place et un rôle de stimulant nécessaire pour pousser les acteurs économiques et politiques dans cette direction, dans des situations reliant des préoccupations locales à des dynamiques et des changements globaux.

L'instrument-clé à cet égard est celui de l'étude d'impact sur l'environnement qui associe une approche scientifique d'étude d'impact à un droit reconnu progressivement aux associations et aux citoyens de se prononcer via des consultations sur les projets qui suscitent des polémiques. C'est un instrument décentralisé, procédural qui autorise à une gestion différenciée de l'environnement selon les milieux et les réactions des populations. L'État, souvent incité en Europe par les Directives de la Commission européenne, conserve cependant un rôle central dans l'attribution des permis, la définition des normes sectorielles qui conduisent le plus souvent à des technologies (*end of pipe*) qui limitent les rejets et les émissions polluantes.

Cette seconde période reste cependant marquée par une forte sectorialisation des politiques d'environnement. L'approche concerne en effet les secteurs socio-économiques d'un côté, les compartiments de l'environnement de l'autre. Chacun fait l'objet d'une instrumentation spécifique : la régulation de la pollution de l'air s'adresse à chaque catégorie d'émetteurs où des innovations techniques peuvent être favorisées. Les politiques qui visent l'agriculture privilégient des normes techniques (homologation des pesticides) ou des programmes qui visent les exploitations dans leurs impacts sur la nature. La politique de la conservation de la nature est centrée sur les réserves et les parcs, espaces soustraits aux activités humaines. La politique de l'eau est un autre secteur où on se préoccupe de préserver la ressource ou d'améliorer techniquement le traitement des eaux usées. L'environnement entre aussi un peu dans les autres politiques, par exemple dans la politique agricole, par la mise en œuvre de subvention aux pratiques favorables à la conservation (article 19) ou par la désignation de zones de protection des captages d'eau potable et de zones sensibles à l'érosion. Chaque domaine de l'environnement fait ainsi l'objet de mesures particulières et chaque secteur socio-économique se voit doté d'instruments destinés à réguler ses effets sur d'autres compartiments. Il en résulte une mosaïque de mesures qui sont mises en œuvre de manière très inégale selon les régions sous la bannière générale de l'environnement mais sans cohérence forte des politiques. Cela n'est pas sans susciter des frustrations, des problèmes de compatibilité qui suscitent une demande récurrente d'intégration.

Une troisième période s'est ouverte dans les dernières années avec l'émergence de ce qu'on pourrait appeler l'environnement complexe. Les politiques précédentes n'ont pas toujours amélioré la qualité de l'eau, dont on commence à comprendre qu'il faut la gérer au niveau d'ensembles vastes que sont les bassins versants. Les questions de changement global (climat, biodiversité, énergie), rendues encore plus sensibles par des catastrophes et accidents significatifs, ouvrent à une perception globale, i.e. planétaire, des questions d'environnement. Global a en français le double sens de mondial et de trans-sectoriel. La dimension internationale et planétaire pose alors la question des effets économiques et sociaux asymétriques des politiques d'environnement sur les régions du monde. Ces constats font ressentir le besoin non seulement d'innovations dans le domaine des technologies propres, mais aussi de changements de trajectoires technologiques ou des formes d'organisation spatiale et institutionnelle.

La faible efficacité des mesures antérieures, aussi bien que les catastrophes, ont aussi érodé la confiance que les acteurs civiques et les citoyens peuvent avoir dans la science et la technologie. Le référentiel de la modernisation technologique ne dispose plus d'un monopole incontesté et la critique des technologies reprend du souffle, ouvrant la porte à des débats multiples sur les orientations du développement. La controverse scientifique est désormais au cœur des politiques d'environnement et les acteurs civiques (des ONG internationales aux groupements spontanés de riverains) se voient reconnus comme des partenaires du débat.

Cette troisième période n'est pas accomplie, c'est une période d'émergence. On observe des tentatives de passer d'un secteur à l'autre, d'un compartiment à l'autre, et de secteur à compartiment. Deux exemples peuvent l'illustrer : le souci pour les déchets industriels conduit à chercher des arrangements locaux entre entreprises pour gérer et recycler les déchets dans le contexte de l'écologie industrielle, faisant ainsi le pont entre technologies sectorielles et espace local ; la conservation de la nature tend aussi à s'intéresser aux modes de production agricole et à constituer des espaces multifonctionnels. Ces initiatives tâtonnent dans la recherche de coordinations entre secteurs et avec les territoires sans que se stabilisent pour autant des modèles généralisables.

Cette évolution se traduit aussi dans les concepts avec lesquels sont pensés et mis en forme les enjeux. Un exemple caractéristique est le passage de la nature à la biodiversité. Si les politiques de la nature visaient essentiellement la protection d'« objets » relativement bien délimités (des espèces rares ou menacées, des sites mis en réserve) et susceptibles d'une action sectorialisée (politiques des parcs et réserves), la notion de biodiversité opère bien ce basculement vers des échelles plus vastes. Elle désectorialise aussi puisque ce sont tous les écosystèmes qui sont visés et non plus seulement des espaces protégés. Et elle appelle aussi, comme c'est bien visible dans le Millenium Ecosystem Assessment, une ouverture vers l'ensemble du champ social et économique, notamment à travers la réalisation d'évaluations locales ou régionales qui englobent toutes les activités sur un territoire et la nécessité affirmée de faire des arbitrages complexes.

La notion de développement durable émerge alors, issue d'une longue histoire de confrontations et d'intégration des notions de croissance, de développement et d'environnement (Zaccaï 2003). Formulée politiquement par la conférence de Rio. Elle introduit une triple nouveauté. D'une part les échelles de temps et d'espace sont beaucoup plus vastes :

il s'agit de regarder non seulement ici mais aussi là-bas, au Sud. Il s'agit de prendre en compte les générations futures, donc le long terme. Une deuxième nouveauté consiste, au regard des pays du Sud, à s'interroger sur la dimension sociale du développement et de l'environnement : il s'agirait que les politiques environnementales prennent aussi en compte les inégalités qu'elles peuvent induire et, en particulier, que les politiques d'environnement ne soient pas un obstacle au développement des pays ou des catégories sociales les plus fragiles. Enfin la question des acteurs du développement durable est aussi présente. On sait par exemple que la conférence de Rio a mis en avant, avec l'Agenda 21, le rôle des acteurs privés, des acteurs locaux, de la démocratie participative. Cela a ensuite été confirmé par la conférence d'Aarhus au niveau de l'Union européenne. À Johannesburg en 2002 (Rio + 10), l'accent a été mis sur les Partenariats Public/Privé (les « projets de type 2 »). C'est alors la composition de l'action publique qui semble devoir changer et pas seulement les objets ou les objectifs.

Le développement durable : un autre développement ?

Pour l'observateur scientifique d'une quelconque réalité dynamique, l'idée de développement désigne le mouvement nécessaire de déploiement du principe actif de cette réalité. Le regard qui interprète un mouvement comme un développement procède d'une connaissance préalable de l'aboutissement de ce mouvement et des étapes ou enchaînements qui y conduisent. Le développement est la pleine réalisation du potentiel à être de cette réalité. La notion de développement vise à résoudre temporellement la non-coïncidence de l'être et de son potentiel. Empruntée à la biologie, cette notion transporte de manière implicite des caractéristiques liées à sa définition dans le cadre du développement des organismes vivants : directionnalité (un sens lui est donné dès le départ), continuité (le changement se réalise par étapes avec des stades identifiés), cumulativité (il faut avoir atteint une étape pour passer à la suivante) et irréversibilité (pas de retour en arrière). Appliquée telle quelle aux transformations économiques et sociales, cette conception se transforme vite en une idéologie de l'existence de lois nécessaires de développement des sociétés. La question du développement s'appréhende alors en termes de retard, de rattrapage ou d'accélération sur un chemin tracé à l'avance[1]. Le recours à la notion de développement sert ici une idéologie déterministe visant à interpréter l'histoire matérielle des hommes comme mue par une nécessité interne universelle.

---

[1] Ce mode de pensée est bien ancré dans la terminologie usuelle : régions en retard de développement, pays les moins avancés, pays en développement, pays en transition, pays développés, pays industrialisés etc.

Toute autre est la conception qui prend forme lorsqu'on accole le qualificatif « durable », ou un autre terme analogue (soutenable, viable, tenable...), au mot développement. On fait alors clairement basculer le substantif du côté d'une pensée distanciée et normative, celle qui appréhende le réel dans son écart à une norme du souhaitable. Car si l'on éprouve le besoin d'installer le développement dans l'ordre du souhaitable, c'est qu'il ne s'impose plus comme mouvement nécessaire trouvant en lui-même son propre principe. C'est plutôt le « non développement » ou le « sous-développement » ou le « mal-développement » qui constituent un état de nature. Le développement durable, lui, ne peut alors résulter que d'une volonté arrimée à un projet d'arracher la société à son état et à la dynamique dans laquelle elle est engagée. Dès lors une nouvelle nécessité, de caractère moral et politique, prend le relais intellectuel de la défaillante nécessité naturelle (Godard et Hubert 2002).

Dans ce cadre normatif, le terme « durable » ajoute une exigence propre : que le développement au service des besoins humains et de la société des hommes ne se paie pas d'une dégradation continue de l'environnement bio-physique et de l'épuisement des ressources naturelles. C'est pour affirmer cette nouvelle dimension environnementale que l'expression développement durable a été forgée.

Considérés dans la pureté de leur logique intellectuelle, ces deux concepts de développement sont strictement opposés : si le développement se réalise par une nécessité interne inscrite au cœur de la réalité même, il ne saurait faire place à une volonté et à un projet. Symétriquement, l'affirmation du développement comme procédant d'une volonté politique et d'un projet économique impose que le développement ne soit pas compris comme l'aboutissement d'une nécessité surgissant de l'état des choses. Néanmoins, si le développement n'était que projet, pure expression du souhaitable dans un monde plastique dégagé de toute nécessité, il n'y aurait guère de sens à parler encore de développement. Le développement durable ne trouve son espace d'existence intellectuelle que dans l'entre-deux ainsi borné, là où la logique de la détermination s'entremêle avec celle de la volonté et du projet. La chance que s'établisse un développement durable dépend *in fine* de la capacité des acteurs du développement à discerner les nécessités qui émanent de la réalité économique, sociale et écologique à laquelle ils sont confrontés et à y accrocher leurs projets dans un processus adaptatif qui sait tirer les leçons de l'expérience. Ni volontarisme ni déterminisme, tel est l'espace intellectuel du développement durable.

Il s'agit alors de s'attacher à combiner deux ordres d'explication différents (par la détermination, par le projet et le choix intentionnel), et cette combinaison n'est envisageable que parce que chacun des ordres recèle en lui-même des trous, des liens qui ne sont pas noués, une incomplétude que les modèles et analyses doivent trouver le moyen de prendre en compte de façon explicite, sans chercher à parvenir à une explication totale dans un seul ordre. Ainsi, l'alternance dynamique de séquences déterministes et de bifurcations sur lesquelles l'action humaine pourrait peser permet de restaurer formellement une place pour l'action et pour le projet au sein d'un processus de développement ayant une forte charge de nécessité. Ce changement radical de perspective, on n'en mesure pas encore les conséquences, mais on n'en connaît pas non plus les modalités. Tout au plus sait-on qu'on ne peut plus croire simplement et naïvement dans les vertus d'un marché corrigé par des normes, ni d'une innovation technique linéaire qui s'ensuivrait spontanément. Les politiques qui s'inspirent du développement durable n'ont dès lors plus de cadre de référence stable, elles se développent d'ailleurs à toutes les échelles (du Protocole de Kyoto aux Agendas 21 locaux) et dans tous les secteurs à travers de multiples dispositifs. Et, dans ce contexte d'émergence, c'est au niveau de ces dispositifs que se centrent les analyses qui suivent.

La transformation des dispositifs

Nous préférons parler ici de dispositifs, c'est-à-dire d'agencements, plutôt que d'instruments des politiques. La notion d'instruments évoque en effet une ligne d'interprétation en termes de moyens et elle encourage une analyse et une évaluation en termes de tensions entre les objectifs et les résultats (attendus ou inattendus). La notion d'instruments renvoie plutôt à une démarche d'évaluation des politiques publiques. Or notre démarche est autre : sans ignorer l'importance qu'il y a à évaluer, nous voulons mettre l'accent, plus sociologique, sur les dynamiques que ces politiques induisent, les reconfigurations qu'elles entraînent, et qui ne sont pas seulement de l'ordre du résultat en regard des objectifs, mais de l'ordre du changement des rapports entre les composantes de l'action publique.

Le concept de dispositif (Mormont 1996) comporte un triple avantage. D'une part, il met un peu à distance une lecture du politique en termes de buts et de moyens – lecture qui distingue des auteurs et des cibles – et il met l'accent sur la dynamique des rapports qui s'instaurent entre toutes les composantes (aussi bien les concepteurs que les cibles) et sur les objets multiples qui sont pris dans ces dynamiques, indépendamment des intentions préalables. D'autre part, il met l'accent sur l'hétérogénéité des composantes à savoir qu'un dispositif assemble des énoncés, des objets, des personnes qui ont chacun de multiples dimensions, et le développement durable comporte bien cette exigence de mise en relation d'une multiplicité de temps, d'espaces, d'êtres naturels et humains. Enfin ce concept oriente la lecture vers l'action en train de se faire plus que vers une lecture en termes de causes et d'effets. Et les actions qui sont l'enjeu des textes qui suivent sont bien des actions en cours que nous allons regarder comme telles sans vouloir les rapporter a priori à une norme de développement durable qui serait stabilisée.

Les dispositifs de prise en compte de l'environnement ont, dans leur composition, des points communs à partir de quoi on peut différencier des types historiques de prise en charge. En premier lieu, c'est l'existence d'une connaissance scientifique qui permet d'identifier des effets indésirables, lesquels se manifestent par des protestations publiques et des crises. Cette connaissance scientifique permet de les imputer à des causes : la production de connaissances scientifiques sur la santé, sur la nature, joue un rôle-clé et se combine à des actions de mobilisation qui porte ces questions sur l'agenda public. Mais les dispositifs se construisent aussi en mobilisant des normes et des formes de relation entre les acteurs concernés par une reconnaissance de droits et de devoirs distribués. Et finalement, les dispositifs, parce que leur rôle est de faire agir, doivent se combiner ou s'articuler aux dynamiques sociales ou économiques à l'œuvre dans les espaces sociaux concernés de manière à assurer leur faisabilité, donc à être appropriables par les acteurs. Ces dispositifs se constituent alors comme assemblages de connaissances, de normes et de jeux d'acteurs et débouchent ainsi sur des manières de traiter les objets de nature ou les objets techniques qu'ils visent.

Nous pouvons alors, dans un deuxième temps, jeter un regard sur l'évolution des politiques d'environnement au regard de ce concept de dispositif.

Dans un premier type (correspondant à la première étape de nos politiques d'environnement) les dispositifs mis en place résultent avant tout de conflits entre des groupes sociaux pour l'appropriation de biens naturels (eau, forêt) ou pour éviter que des groupes ne soient les victimes des activités industrielles ou des infrastructures (nuisances). L'État est l'acteur central de la construction des dispositifs, il s'appuie sur la science publique (de la santé principalement) et, en en reprenant les exigences, met en place des mesures de limitation des nuisances ou de production et protection des biens publics à travers des agences spécialisées. Ces mesures sont essentiellement des mesures juridiques de régulation des activités des secteurs industriels. L'administration joue un rôle central dans la construction des arbitrages y compris dans l'application des législations, qui implique une négociation constante entre les exigences sectorielles et les objectifs de protection des ressources. Quant aux objets visés (déchets, eaux usées, fumées pour les nuisances, espèces remarquables ou « en danger »), c'est leur mise à l'écart du monde humain qui est la modalité principale de gestion (mise à l'écart des déchets d'un côté, mise en réserve des espèces protégées dans des espaces dédiés de l'autre). Il en va de même pour les biens publics (forêt, eau potable, premiers parcs naturels) qui font l'objet de gestion séparée par des collectifs professionnels de type industriel, c'est-à-dire centrée sur l'efficacité de la production des biens... même si les critères de performance des Parcs restent bien difficiles à caractériser et mesurer. On trouve donc dans ces dispositifs une quadruple logique : d'application de connaissances spécialisées, de gestion par filières, d'arbitrage entre les nécessités du progrès et ses impacts socialement inacceptables, de séparation des espaces et des flux.

Dans un deuxième type – qu'on pourrait appeler celui de la gestion de l'environnement – les objectifs de gestion résultent beaucoup plus souvent de protestations publiques moins socialement marquées (généralisées donc), celles des associations écologiques et des riverains et tournent plus autour d'une notion de préservation des conditions générales de vie. Une connaissance spécialisée de l'environnement se développe autour des compartiments de l'environnement – avec un découpage par domaines disciplinaires : écologie, toxicologie, hydrologie – et dans les secteurs économiques avec l'arrivée des technologies vertes, y compris dans le secteur du marketing. L'État reste un acteur central qui se confronte principalement aux secteurs industriels qui font valoir des contraintes de marché. La conciliation s'envisage désormais sur une modalité qui privilégie la mise au point de technologies moins polluantes et – promet-on – plus efficaces, soutenues par le marché et l'État. L'intervention de l'État procède principalement par une normalisation technique et par des instruments économiques de manière à stimuler cette conversion. Les standards techniques sont donc au centre. Leur production mobilise des connaissances spécialisées, du fait du découpage de l'environnement en problèmes et compartiments, De plus les connaissances scientifiques sont généralement utilisées pour définir le problème ou stabiliser cette définition, ce qui est rendu plus facile par ce compartimentage : à l'écologie les espaces protégés, à l'hydrologie la gestion des inondations, à la thermodynamique les économies d'énergie, etc. Ceci permet de configurer des objets de gestion de manière simple. En ce qui concerne les biens publics, l'action se déploie aussi par compartiments : on gère séparément les rivières, l'eau potable, les inondations, non sans frictions et difficultés de mise en œuvre contradictoire. L'action étatique s'adresse donc le plus souvent à des entités ou à des collectifs existants (secteurs, professions) ou elle fait émerger de nouveaux collectifs spécialisés dans la production de technologies nouvelles. Les démarches mettent peu en relation ceux qui connaissent les compartiments de l'environnement et ceux qui gèrent les secteurs spécialisés : la démarche est plutôt décomposée en phases successives d'identification et imputation des causes, négociation des mesures, et leur implémentation qui est la question cruciale dans ce type de gestion.

Quant aux objets de gestion, il ne s'agit plus de les mettre à l'écart mais au contraire d'optimiser et de contrôler leur circulation : les déchets font désormais l'objet d'une gestion qui tend à limiter leur volume, à favoriser leur recyclage, et surtout à limiter les transferts de polluants vers le milieu.

Le troisième type de dispositif – phase dans laquelle nous sommes – émerge à la suite de plusieurs facteurs. D'une part, l'internationalisation des questions d'environnement qui résulte de leur globalisation conduit à reformuler par exemple la question de la nature en problème de la biodiversité ou des services écosystémiques. Mais cette évolution tient aussi à l'évolution des connaissances : des outils, notamment informatiques, permettent de penser et de représenter la réalité de manière plus complexe et plus systémique ; on peut par exemple représenter un bassin versant à travers des Systèmes d'Information Géographique tout comme on peut modéliser des nappes d'eau souterraines et le transfert des pollutions dans ces nappes. L'espoir d'une appréhension de la complexité émerge. Enfin il y a un troisième facteur qui est certainement porté par des mouvements d'opinion, c'est l'insatisfaction suscitée par les dispositifs du deuxième type. Cette insatisfaction s'alimente aussi bien de constats scientifiques (la biodiversité continue à décroître) que de conflits qui se produisent dans l'implémentation des mesures.

Les dispositifs du troisième type ne sont probablement qu'en phase de construction, mais on peut en esquisser quelques caractéristiques. Ce sont d'abord des dispositifs qui changent d'échelle d'évaluation et surtout d'échelle d'intervention. Délibérément la Directive Cadre Eau (DCE), par exemple, se donne comme objet des bassins hydrographiques et non plus seulement des rivières ou des bassins versants. Le concept de réseau écologique tente d'inscrire la conservation dans l'ensemble du territoire et dans une planification (Mougenot 2003). L'échelle géographique élargie s'accompagne de programmation longue qui inscrit l'action dans un temps long.

Une deuxième caractéristique est certainement que ces dispositifs se veulent par conséquent transversaux : ils cherchent à dépasser l'action sectorielle pour constituer des objets de gestion qui ont de multiples parties prenantes. De ce fait la protection de l'environnement se déplace progressivement de la norme vers la conciliation ou la mise en cohérence d'utilisations multiples d'une ressource et de la protection de celle-ci. Mais chacune des activités impliquées, autant que les exigences de protection d'ailleurs, est elle-même prise dans une filière (socio-économique ou de gestion) où les facteurs décisifs ne se trouvent pas à la même échelle : les activités agricoles sont insérées dans de vastes marchés (régulés par les accords de l'OMC), les règles de protection dépendent de directives européennes et les contraintes économiques sont quelquefois inscrites dans des normes techniques qui coordonnent tout un secteur productif, mais la relation de l'activité agricole à la ressource en eau est fortement dépendante des conditions locales. C'est donc aussi à cette échelle que l'ajustement peut se faire, ce qui suppose qu'il existe des marges de négociation et d'organisation collective locale.

Enfin, dans ce troisième type, l'État semble être quelque peu en retrait. D'une part, un certain nombre d'injonctions et de programmes viennent d'en haut, de l'international ou de l'Europe et les États semblent agir souvent sous la contrainte, n'appliquer qu'à contrecœur ces directives, ce qui les prive parfois de légitimité pour s'imposer localement. D'autre part, dans l'action elle-même, l'État tend à se situer plus comme organisateur d'un débat et d'une négociation sociale que comme le grand planificateur. Il est fait appel aux initiatives des citoyens comme des entreprises ou des collectivités locales, à la concertation et à la responsabilité de chacun. La définition de plans d'action qui sont requis par des autorités nationales est parfois renvoyée aux initiatives locales ou individuelles comme dans l'élaboration des cartes de plans d'épandage (H. Brives dans ce volume) ou celle des plans de gestion des déchets ménagers. Et plus loin même la nécessité de traduire les impératifs d'une politique dans les comportements individuels nécessite une traduction dans des conseils ou des prescriptions qui doivent être adéquates aux perceptions et pratiques des usagers (Haynes et Mougenot dans ce volume) : les associations peuvent alors être des relais privilégiés pour assurer ces traductions qui sont à la fois techniques et sociales parce qu'elles supposent à la fois des inscriptions dans les objets et dans les habitudes des usagers.

Les deux tendances précédentes se rencontrent : ces dispositifs sont à la source de nouvelles constructions institutionnelles multiples qui viennent interférer avec les secteurs institués, les professions reconnues, les domaines réservés. Les contrats de rivière, les plans locaux de développement de la nature en Belgique, les opérations locales agri-environnementales en France, les agendas 21 locaux sont très souvent des institutions de type plutôt consultatif et incitatif, c'est-à-dire qu'elles n'ont pas de légitimité à décider mais seulement à proposer. Ces constructions institutionnelles nouvelles sont donc loin d'être stabilisées puisque chaque « institution » ainsi construite se trouve ensuite des frontières avec d'autres, des chevauchements avec d'autres compétences. Ce sont souvent des forums multi-acteurs, multi-niveaux où se rencontrent des intérêts différents mais aussi où se croisent des acteurs de statut différent.

Un programme d'action comme Natura 2000 est finalement encore un programme qui a été conçu sur le deuxième type. S'agissant de consolider la conservation de la nature, c'est en effet un programme sectoriel, fondé sur les connaissances spécialisées de sciences écologiques et déployé à partir de l'État dans une logique planificatrice. Mais dans sa mise en œuvre, il tend à adopter le troisième modèle. En effet, comme les zones visées (terres agricoles, forêts) ne sont pas des zones exclusives de protection mais des zones utilisées par des activités humaines, l'action suppose une mise en relation avec les utilisateurs, un ajustement avec les pratiques et une intégration dans l'espace (Pinton *et al.* 2006). Ce programme doit d'ailleurs aussi trouver à se coordonner avec d'autres comme la Directive Eau quand il s'agit de fonds de vallée ou de zones humides.

Plus encore, ce même programme révèle, dans certains cas, la nécessité non seulement de préserver la nature de l'activité agricole mais aussi celle de préserver certaines pratiques agricoles pour préserver la nature. L'environnement à protéger n'est alors plus seulement un bien qu'il faut tenir à l'écart, mais un « système » de relations entre des activités et des éléments du milieu dont ces activités tirent leurs ressources. Les objets à prendre en compte deviennent alors des objets complexes, mixtes de pratiques humaines et d'êtres naturels qui dépendent les uns des autres, mais dont il faut tantôt maintenir, tantôt reconfigurer les liens.

Le troisième type des dispositifs révèle donc la nécessité de médiations multiples entre agents, entre espaces, entre secteurs économiques et entre échelles différentes. Ces médiations ne sont pas seulement des médiations de mise en œuvre, de définition d'instruments d'application. Elles postulent au contraire une espèce de réinvention située, c'est-à-dire de redéfinition des objectifs et des moyens à l'échelle locale ou individuelle. Et ceci appelle parfois à reconstruire la légitimité, à recadrer les objectifs, à produire de nouvelles connaissances, à redéfinir les règles de coopération ou d'organisation.

Des dispositifs aux objets intermédiaires et aux forums

L'infléchissement des politiques environnementales que nous résumons ainsi ne débouche pas sur un modèle stable d'action publique. Il pose trois questions principales. D'un côté, il paraît intéressant de comprendre comment, dans un contexte de complexité, devant la mise à l'agenda de nouvelles valeurs au niveau global (comme la notion de 'biens publics globaux', de plus en plus inscrite dans les énoncés des agences et des organisations internationales), des autorités étatiques ou supra-étatiques élaborent des programmes d'action, sur quelles bases de connaissances, dans quels arrangements institutionnels, et selon quelles règles. Il semble y avoir un déplacement de ces politiques vers des politiques qui énoncent des objectifs, des ambitions et mettent ensuite en place des programmes qui sont procéduraux et qui ouvrent un espace pour des actions localisées et des constructions à géométrie variable aux niveaux inférieurs de l'action publique. Cette posture marque une certaine rupture avec une forme de délégation à l'innovation technologique de la recherche de solutions à des problèmes nouveaux, voire même créés par les développements technologiques eux-mêmes.

Or on a longtemps procédé en Europe dans les grandes questions techniques, à la création de corps d'ingénieurs spécialisés chargés de les traiter à travers leurs connaissances spécialisées et via des normes sectorielles. C'est ainsi que se positionnent encore certains États ou certaines organisations – publiques ou privées, du monde politique, des entreprises ou de la recherche – vis-à-vis de nouveaux défis comme le changement climatique, l'énergie, la conservation de la biodiversité, etc. C'est ainsi que de nouveaux enjeux technologiques sont mis à l'agenda des institutions de recherche et des agences qui les soutiennent financièrement aux niveaux national, communautaire voire international, semblant ignorer que des savoirs pratiques sont déjà à l'œuvre sur nombre de ces questions. On se projette alors dans une quête récurrente qui appelle chaque fois à la production de nouvelles connaissances scientifiques et techniques qui sont alors proposées comme solutions et auxquelles il faut faire adhérer. Ainsi, par exemple, une ingénierie écologique, fondée sur les concepts de l'écologie et pensée par des spécialistes à partir de quelques expérimentations et modèles, sera-t-elle plus efficiente[2] sur le terrain que la construction de savoirs hybrides entre praticiens et chercheurs, confrontant des connaissances cadrées par quelques principes théoriques modélisables et des savoirs construits dans l'action et dans les normes implicites des cultivateurs, des éleveurs, des forestiers, des chasseurs, etc. ? N'y a-t-il pas tout autant intérêt à élaborer des espaces d'interaction avant que les derniers savoirs pratiques n'aient disparu au profit de principes et de recettes sectoriels qui savent si bien ignorer les effets systémiques… tout en le regrettant immédiatement, ne serait-ce que pour justifier des recherches complémentaires et des technologies encore plus performantes, mais par rapport à quels critères justement ?

---

[2] Pas seulement « efficace » justement, mais soucieuse de ses effets et conséquences sur les agents concernés !

Les études qui composent la partie empirique de ce volume indiquent en effet le potentiel que représentent des dispositifs qui mettent en interaction des connaissances et des acteurs dans des situations où ils sont amenés à mettre en commun, de différentes manières, leurs savoirs, leurs préoccupations, leurs perceptions et à recomposer leurs relations dans des actions de prise en charge de questions environnementales qui leur sont adressées. Elles confirment à nos yeux la « productivité » de dispositifs qui laissent ouvertes des possibilités de recadrer l'action, de reformuler des connaissances, de redéfinir des objectifs à l'échelle de l'action en cours. Cela n'enlève rien à l'importance de politiques géné-rales qui apparaissent alors comme des interpellations auxquelles les acteurs sont conviés à répondre.

Dans cette troisième étape, nous allons donc argumenter l'hypothèse que ce troisième type de construction des dispositifs d'action met en évidence le caractère crucial de la production de médiations qui rendent possible l'action effective. Nous le ferons en partant des difficultés d'implémentation des politiques émergentes dans ce troisième type. En effet il n'existe pas, même si nous avons rapproché la DCE de ce type, de modèle stabilisé de dispositif de ce type. La plupart des études de cas sur lesquelles ce livre s'appuie ne portent donc pas sur des dispositifs qui sont l'accomplissement du troisième type. C'est beaucoup plus à partir d'un diagnostic des difficultés rencontrées dans le deuxième type en voie de transformation que nous pouvons faire émerger en quoi le passage au troisième type – que nous supposons en cours – révèle le rôle de nouvelles manières de penser et de réaliser une action publique durable.

L'environnement non délimitable

On pourrait appeler ceci incertitude, mais nous préférons parler d'indécidabilité qui résulte de la combinaison d'incertitudes scientifi-ques, de légitimités concurrentes et d'imprévisibilité du futur. Le cas présenté par Patrick Steyaert (dans ce volume) illustre très bien une situation où la gestion locale d'un territoire met en présence ces diffé-rents facteurs. La définition du problème de départ mobilise un type de connaissance au nom d'un objectif légitime, mais d'autres revendica-tions également armées d'arguments disciplinaires et d'objectifs peuvent revendiquer une autre construction de l'environnement. La situation devient d'autant plus indécidable que les usages en cause interagissent les uns sur les autres et que l'environnement n'est plus défini comme un objet mais comme un système en partie localisé de relations entre des pratiques, des groupes organisés et des objets naturels eux-mêmes évolutifs.

Ce caractère indécidable de la réalité de l'environnement à prendre en compte, nos analyses l'indiquent, n'est pas dépassable par la construction d'un consensus qui reposerait sur une vue commune des enjeux ou sur une convergence vertueuse des pratiques. Ce n'est donc pas une représentation partagée, commune, du problème qui est la solution, mais plutôt la mise en commun des problèmes dans une représentation où les perspectives des uns et des autres peuvent être articulées.

En termes d'enjeux, il ne s'agirait pas alors de dégager un intérêt commun, supérieur, mais d'explorer des points de convergence possible entre des enjeux différents autour d'une représentation partagée d'un objet mis en commun qui peut être un territoire, une filière socio-économique organisée autour d'un produit... En termes de connaissance, il n'est souvent guère envisageable que chaque acteur s'approprie toutes les connaissances des autres, que l'agriculteur devienne écologue et inversement : il s'agirait plutôt de trouver les formes d'inscription et de transcription de connaissances différentes dans un même état de référence ou dans un objet technique qui serve de points de repère pour les uns et les autres, ainsi que le développent Teulier et Hubert (dans ce volume) avec la notion de concept intermédiaire pour la conception collective. Enfin en termes de règles, il s'agit moins de se donner une règle générale que d'inventer des médiations organisationnelles qui permettent de définir les limites de l'action des uns sur les autres. L'interférence constante des enjeux, des connaissances et des règles conduit souvent à des objets médiateurs qui assurent les trois fonctions simultanément, comme on le verra dans des cartes ou des documents techniques (Brives et Mormont, dans ce volume).

Les disparités d'échelles et de niveaux d'organisation

La volonté de protéger un bien d'environnement, sa désignation comme enjeu, sa caractérisation scientifique se sont généralement construites en mobilisant des ressources tant cognitives que politiques qui se sont combinées à une certaine échelle. Mais les dynamiques d'évolution des usages par exemple d'un site protégé (Mormont dans ce volume) se trouvent à une autre échelle, et la protection s'avère impuissante à les contenir. Il faut donc descendre au niveau plus local tout en maintenant l'exigence de protection pour pouvoir agir sur ces dynamiques. À l'inverse, la volonté de promouvoir la contribution locale d'une activité à la préservation d'une ressource se heurte parfois à des normes et des formes d'organisation qui structurent les relations de tout un secteur (Stassart et Mougenot dans ce volume) : il faudrait alors remonter dans l'organisation de l'ensemble de la filière concernée, dans les différents jeux d'acteurs et les épreuves qu'ils se donnent pour marquer leurs accords, pour débloquer les possibilités de changement.

Ces disparités de niveaux d'organisation et d'échelles, notamment entre les échelles d'évaluation, les échelles de normalisation et les échelles de gestion, peuvent paralyser l'action aussi longtemps qu'on ne trouve pas les moyens de coordonner ou de faire circuler. Les objets médiateurs dont parlent les textes qui suivent ont donc toujours un caractère circulant, mobile qui leur permet d'assurer la validation des solutions à différentes échelles d'espace et de temps. Cette capacité de circulation des « produits intermédiaires » de l'action repose souvent sur une partie obscure, non transparente des accords et des arrangements locaux ou des décisions prises à un niveau supérieur. La transparence entre les niveaux de décision n'est donc pas la règle, mais elle semble pouvoir être compensée par l'existence de réseaux qui permettent aux acteurs de faire valoir leurs intérêts et leurs revendications par d'autres voies.

Des choix de trajectoires ou des capacités de bifurcation

Dans nombre de cas, ce sont des changements de trajectoire, des bifurcations techniques ou organisationnelles qui sont requises. Or ces bifurcations – qu'il s'agisse par exemple de se tourner vers l'agriculture biologique, ou de reconfigurer un site protégé – supposent une capacité d'anticipation. Il faut pouvoir créer pour les acteurs concernés une perspective temporelle suffisamment stable pour qu'ils puissent développer de nouvelles stratégies, faire de nouveaux investissements ou établir de nouvelles règles de coopération. Les médiations qui sont produites dans ces dispositifs, et donc les objets et concepts intermédiaires, doivent en effet permettre des anticipations suffisantes pour orienter les changements. Nous avons donc affaire souvent à des objets médiateurs qui incorporent de manières différentes le temps Dans la perspective du développement durable, le temps n'est pas une notion univoque. Il y a d'abord le temps inscrit dans l'existant et son inertie, dans des techniques, des infrastructures, ou des normes techniques dont le changement impose de lourds investissements (Stassart et Mougenot, dans ce volume). Mais il y a aussi le temps de ce qu'on voudrait ne pas voir changer, rendre immuable et protéger à tout prix, mais qui change malgré tout, faute d'une vie qui le soutienne. Enfin il y a le temps de ce qui peut arriver et qui nous oblige à anticiper (Mormont, dans ce volume). Les médiations qui sont produites dans ces dispositifs, et donc les objets et concepts intermédiaires, doivent en effet permettre des anticipations suffisantes pour orienter les changements. Nous avons donc affaire souvent à des objets médiateurs qui incorporent de manières différentes le temps, que ce soit sous forme de scénarios ou que ce soit par la stabilisation de normes d'usage ou encore par des objets qui permettent un ajustement des pratiques au cours du temps.

Des forums de discussion et de contrôle

La production des ces objets et concepts intermédiaires ne semble guère possible sans une mise en relation des acteurs, sans une série d'interactions plus ou moins directes entre les parties prenantes, même si ces interactions peuvent se dérouler sur un temps long et nécessitent souvent des entrepreneurs de médiations que peuvent être des associations, des agents administratifs locaux, voire des scientifiques ou des autorités locales. La « concertation » prend des formes multiples, mais elle semble nécessaire pour trois raisons. Dans une phase d'élaboration de l'action, elle est ce qui permet, par divers moyens, de dépasser la seule action stratégique qui enferme chacun des acteurs dans le calcul à court terme. Elle permet alors, par la mise en confiance, par le partage des représentations, de mettre en commun et de construire un espace des problèmes (Hubert et Teulier dans ce volume) qui devient ensuite un espace de conception. Dans la suite de l'action, elle peut être un espace d'exploration et de construction d'un espace d'anticipations qui va se traduire progressivement par l'élaboration de scénarios et de règles de coopération. Enfin la concertation est aussi, dans un phase finale, un espace de recours possible, ce qui permet aux acteurs de faire reconnaître tant leur contribution que la révélation d'effets inattendus.

Comme tels, ces forums se situent toujours à la frontière du public et du privé, à la frontière des territoires et des politiques sectorielles, à la frontière des connaissances et des normes. C'est alors qu'ils peuvent constituer des collectifs de gestion, c'est-à-dire des collectifs en charge d'un objet complexe et capables de prendre des décisions et de les réviser à la lumière de l'expérience. C'est alors qu'ils permettent aux acteurs concernés de transformer leur propre compréhension et connaissance de la situation ainsi que leur capacité à agir, mais également par l'introduction de nouveaux acteurs et par la reformulation de ce qu'ils posent comme un problème.

Conclusion

L'attention dirigée, dans les textes qui suivent, vers la médiation environnementale s'inscrit dans une transformation de ces politiques quand émerge la notion de développement durable.

La médiation désigne ici les processus par lesquels des objectifs, des moyens, des acteurs se transforment mutuellement quand ils se rencontrent dans des interactions autour de pratiques. Il ne s'agit plus seulement que les instruments des politiques publiques répondent à leurs objectifs tout en s'ajustant aux dynamiques sociales et économiques propres au domaine où ils s'appliquent. Il s'agirait alors effectivement d'instruments, de médias qui transportent un impératif d'un monde à l'autre. Au contraire, les dispositifs observés sont médiateurs parce que, dans leur déploiement, ils redéfinissent les objectifs, construisent leurs instruments et reconfigurent les collectifs.

Ces dispositifs sont multiples, et ils émergent aussi bien à partir des difficultés rencontrées dans l'implémentation des politiques classiques qu'à partir du développement de politiques globales. Dans les deux cas l'action doit prendre en charge la multiplicité des enjeux et des acteurs, le passage du global au local, l'interférence entre connaissances, représentations et normes. Ces interférences créent un contexte de controverses sociopolitiques et d'incertitudes, contexte dans lequel l'action publique n'est possible qu'en se construisant des références, souvent provisoires, souvent partielles, mais qui permettent de constituer des objets pour l'action en même temps que des collectifs susceptibles de les mobiliser.

L'action publique passe alors à la fois par des forums – espaces de discussion, de délibération, de conception – et par des objets et des concepts intermédiaires qui servent de liens entre des champs de pratiques différents, entre des connaissances séparées et entre des registres de mobilisation divergents.

Les forums paraissent pertinents pour satisfaire en partie aux exigences de l'action collective, notamment la conscience d'une interdépendance, et la délégation de la régulation). Mais la création d'interdépendances assumées suppose plus que des règles dont l'application serait déléguée à un représentant commun. Elle suppose aussi la formulation de scénarios, le partage de points de repères, la reconnaissance du caractère distribué des connaissances, l'ajustement des actions, ainsi que des capacités d'action. Il s'agit moins d'un monde commun que d'un monde en commun. Le forum se transforme en un agencement pour l'action collective. Il s'agit donc que le scénario permette à chacun d'anticiper pour son propre compte, que les repères soient pertinents à la frontière des secteurs, et aussi que les objets ainsi définis soient actionnables par les individus et les collectifs.

Le contraste est saisissant entre l'ambition globalisante du développement durable et les petits dispositifs de l'action collective qui émergent ici. Ces petits dispositifs se posent en alternative avec ce que pourrait être une délégation de la gestion de ces nouveaux enjeux à des corps spécialisés dans de nouvelles technologies de l'environnement, alliant ingénierie technique et sociale, en s'appuyant également sur des outils de médiation (de persuasion, de manipulation, etc.) constitués de cartes, de systèmes d'information interactifs, etc. de façon à impliquer les 'populations concernées'. La nuance peut-être subtile entre ces deux voies, et c'est là toute la question d'une pratique démocratique... à laquelle appellent également les principes du développement durable. Le défi est sans doute à l'avenir de faire tenir ensemble l'expérimentation sociale, souvent de petite dimension, et la définition de politiques globales qui peuvent les encourager et s'en nourrir.

Bibliographie

Council of Europe and Landscape Diversity Strategy, « General guidelines for the development of the Pan-European Ecological Network », in *Nature and Environment*, n° 107, 1999.

Bennett, G., Mulongoy, K.J., « Review of experiences with ecological networks, corridors and buffer zones », in *Secretariat of the Convention on Biological Diversity*, Technical series, Montreal, n° 23, 2006.

Godard, O., Hubert, B., *Le développement durable et la Recherche Scientifique à L'INRA*, coll. Bilans et Perspectives, Paris, INRA, 2002.

Jongman, R., Pungetti G., *Ecological Networks and greenways. Concept, design, implementation*, Cambridge, Cambridge University Press, 2004.

Mormont, M., « Agriculture et environnement : pour une sociologie des dispositifs », in *Économie Rurale*, n° 236, 1996, p. 28-36.

Mougenot, C., *Prendre soin de la nature ordinaire*, Paris, Maison des Sciences de l'Homme et INRA-Éditions, 2003.

Opdam, P., Steingrover E., van Rooij S., « Ecological networks : A spatial concept for multi-actor planning of sustainable landscapes », in *Landscape and Urban Planning*, n° 75, 2006, p. 322-332.

Pinton, F. *et al.*, *La construction du réseau Natura 2000 en France*, Paris, La Documentation française, 2007.

Tillmann, J. E., « Habitat fragmentation and ecological networks in Europe », in *Gaia-Ecological Perspectives for Science and Society*, n° 14, 2005, p. 119-123.

Zaccai E., *Le développement durable : dynamique et constitution d'un projet*, Bruxelles, P.I.E.-Peter Lang, 2002.

Deuxième partie

Dynamique des objets intermédiaires

Les objets éphémères
du développement durable
Un mécanisme de « représentation/transformation »

Catherine MOUGENOT et Pierre M. STASSART

*Enseignants-chercheurs au département des sciences
et gestion de l'environnement, Université de Liège*

De l'action collective et développement durable

La prise en compte de l'environnement et de l'équité sociale dans le développement des activités socio-économiques semble s'imposer aujourd'hui à l'ensemble de la société. Mais ne s'agit-il pas là, avant tout, d'un horizon mouvant ? Comment en effet peut-on juger de la pertinence d'objectifs qui concernent les générations présentes mais aussi celles du futur ? Comment s'exprimer au nom des absents et aussi des sans voix ? Répondre à ces questions suppose non seulement de définir des objectifs et des indicateurs d'avancement, mais surtout de construire une capacité à évoluer vers plus de durabilité, c'est-à-dire à transformer conjointement nos pratiques et modes de décision (Thompson 1997). Face à ce défi, les acteurs qui s'engagent ne bénéficient, apparemment, que de peu de ressources. Ils sont à l'image de ces navigateurs du 13ᵉ siècle qui n'avaient pour toutes cartes que des « *portulans* », soit des descriptions sommaires des ports et des côtes, alors que les mers et océans restaient comme des trous béants et muets, toujours à imaginer[1]…

En accompagnant ces acteurs[2] qui cherchent à s'orienter dans cette immensité béante, avec la question de savoir comment aller vers plus de durabilité, nous disposons quant à nous d'un peu plus que des cartes

---

[1] Nous empruntons cette belle image à Xavier Poux (AsCA).

[2] Ce texte est issu de deux recherches : la première portait sur le durabilité de l'agriculture biologique, financée par le *Programme d'Appui au Développement Durable* des

sommaires, car l'action collective n'est pas un objet d'intérêt nouveau, ni pour la sociologie, ni pour les sciences de gestion. Et dans ces deux domaines, quelques textes nous apparaissent comme des points de repère incontournables. Dans un article important, Friedberg (Friedberg 1992) suggère que l'action collective, qu'elle soit bien structurée ou plus diffuse, se construit sur quatre dimensions (au moins) qui sont : (1) la capacité pour un groupe à se doter de modes d'organisation, de régulation ; (2) l'existence d'une conscience collective ; (3) la capacité à se définir des objectifs communs ; (4) la possibilité de se désigner des représentants. Friedberg suppose que ces quatre dimensions sont interconnectées, ce qui ne signifie pas pour autant qu'elles se développent de façon parallèle et sans décalage aucun. Il souligne également la nécessité de les voir comme des continuums plutôt que d'en avoir une représentation dichotomique, c'est-à-dire en termes de présence/absence. Dans le domaine des sciences de gestion, A. Hatchuel (Hatchuel 1996) considère que pour comprendre la variété des formes de coopération, « il faut étudier la forme des savoirs mobilisés par les acteurs et la nature des relations qu'ils entretiennent ». Plus précisément, il indique que pour agir, les acteurs s'inscrivent dans des relations qui fondent leur différenciation et leur interdépendance et qu'ils produisent et mettent en œuvre des savoirs hétérogènes. De l'articulation entre relations et savoirs émerge une « *tension* », à la base de tout apprentissage et plus généralement de toute action collective. Et de leur côté, I. Nonaka et son co-auteur (Nonaka et Toyama 2003) soulignent l'importance d'espaces-temps pour créer et assembler les connaissances hétérogènes nécessaires à toute action collective. Sans se contredire, ces articles attirent la réflexion sur des points différents, le premier mettant plus l'accent sur la liaison entre l'organisation du groupe et ses modes de représentation, les deux autres sur la liaison entre l'organisation du groupe et les apprentissages qu'il suppose ou permet. Par ailleurs, A. Hatchuel insiste également sur une perspective dans laquelle nous voulons nous inscrire, en s'intéressant au « *comment* » de toute action collective, c'est-à-dire en considérant les formes diverses qu'elle peut emprunter comme des processus et non comme des états. Et il indique un point qui nous intègre complètement au projet de ce livre, en soulignant que dans l'étude de ces processus, « les aspects instrumentaux ne peuvent être séparés des aspects sociaux ».

Cette dernière remarque souligne la nécessité de prendre au sérieux le rôle des objets dans les actions que nous cherchons à comprendre. Et

---

Services publics fédéraux belges. La seconde examinait la possibilité de construire avec des citoyens des projets pour la gestion de la nature ordinaire (recherche financée par le *programme « Environnement et climat » de l'Union Européenne, DG12*).

sur ce point aussi, plusieurs auteurs nous précèdent. Bien au-delà du statut d'intermédiaire classique que les objets matériels peuvent jouer dans les relations d'échanges et de communication, ils peuvent aider à créer un tissu de relations, à formuler des choix collectifs et à répartir les rôles et les tâches de chacun ou du groupe. Les objets permettent aussi de traduire des intentions, de stabiliser les actions en les rendant plus prévisibles. D. Vinck pointe ces différents mécanismes à partir de l'observation de réseaux de coopération scientifique (Vinck 1999). De son côté, A. Jeantet met en évidence que si les objets matériels peuvent servir de médiation entre les acteurs, ils ont aussi une dimension cognitive, en favorisant la conception et la représentation d'un problème (Jeantet 1998). Se basant sur l'observation de la conception industrielle, il montre que les objets peuvent être intermédiaires dans deux sens : intermédiaires entre les acteurs, ils le sont aussi dans le déroulement de l'action. Et les objets peuvent être d'autant plus efficaces que les liens entre les acteurs sont faibles, et que leurs modes d'interaction ne se formalisent que très progressivement. Ce dernier point est souligné par D. Vinck.

Toutes ces réflexions sur l'action collective et les objets enrichissent nos propres cartes maritimes. Mais la question des processus de transformations vers plus de durabilité reste cependant encore peu saisissable. En effet, le caractère peu consistant des problèmes et la diversité des acteurs qui s'en saisissent renvoient à des difficultés qui touchent simultanément à l'incertitude de leurs connaissances et de leurs relations. Et les projets que nous avons décidé de suivre semblent se heurter à une triple difficulté. La première touche à la question de la légitimité de ces processus de changement. Ceux-ci sont menacés par le poids des légitimités extérieures qui continuent à imposer leurs modes dominants d'organisation et de production de connaissances, modes qu'ils ne peuvent par ailleurs s'empêcher de mobiliser pour imposer leur propre voie de développement (Godard 1990). La deuxième difficulté concerne la nécessaire ré-articulation de savoirs hétérogènes qui restent encastrés dans des formes de relations spécifiques, dans des formats variables et sont toujours fragmentés. Et leur mobilisation dans l'action collective est d'autant plus problématique que les problèmes à résoudre sont eux-mêmes peu structurés (Favereau 1989 ; Dodier 1997). Et la troisième difficulté découle des deux premières et a trait à l'engagement. La faiblesse de ces nouveaux processus oblige en effet les acteurs à s'engager fortement, bien au-delà des actions réglementaires, pour apporter des connaissances et des formes d'organisation renouvelées.

Pour comprendre comment répondre à ces trois difficultés, il nous semble nécessaire d'adopter une échelle appropriée d'espace et de temps. C'est en opérant un zoom permettant d'examiner ces actions d'au plus près, que nous pourrons dessiner les détails de notre propre carte, en soulignant notamment le rôle que les objets matériels jouent dans ces processus de transformation vers plus de durabilité. Ces objets, nous le verrons, sont éphémères, mais ils sont néanmoins un peu plus difficilement contestables que des paroles, ingrédient de base, fugace de toute action collective. L'efficacité de ces objets éphémères repose alors sur un mécanisme que nous développons à travers une triple séquence de « *convention/représentation/transformation*[3] ».

De l'élevage « bio » au réseau écologique

Pour appuyer notre propos, nous mobilisons deux cas que l'on pourrait *a priori* considérer comme très différents : l'exemple de la construction d'une filière de production de viande bovine issue de « l'agriculture biologique » et celui de la conception d'un « réseau écologique » à un niveau local. Et pour nous, ces deux cas ont avant tout un point commun qui est leur rattachement à la perspective du développement durable. D'abord, ils reposent sur une légitimité de type environnemental que leur inscription dans les réglementations européennes atteste. Ensuite, nous les voyons s'accorder sur la recherche d'une (autre) forme d'équité sociale : la place à accorder à des petits agriculteurs dans ou à côté de filières économiques dominantes et l'importance reconnue à des savoirs locaux et aux intérêts de « citoyens ordinaires » pour diagnostiquer et gérer la nature. Environnement et équité sont revendiqués comme des marques incontournables de ces actions collectives, ce qui n'est pas sans conséquence sur l'engagement des acteurs. Dans le cas de la filière bio, cette double légitimité sera prioritairement portée par les chercheurs (il s'agit d'une « recherche-intervention ») et dans le cas de la gestion de la nature, elle sera d'abord suggérée par la procédure participative proposée aux acteurs.

Notre première étude concerne donc des éleveurs qui ont imposé à un distributeur une transformation de leur métier, à savoir être reconnus comme « naisseurs-engraisseurs » bio et non pas seulement « naisseurs[4] ». Engraisser signifie garder une importante plus-value sur la

---

[3] Le mécanisme que nous décrivons renvoie à la signification de ce terme, pris comme un « fonctionnement » ou un « déroulement ». Ce n'est donc pas une chose ou un état, mais un « processus », composé de trois séquences que nous voyons comme des « suites ordonnées » d'éléments ou d'opérations hétérogènes.

[4] En Belgique, dans le modèle conventionnel, les activités d'élevage et d'engraissement sont dissociées, contrairement à des pays tels que la France. Ceci a pour conséquence que la gestion de l'incertitude liée aux ajustements d'une offre saisonnière et d'une demande relativement constante est effectuée par les engraisseurs (qui sont de plus en plus gestionnaires des abattoirs) et les marchands de bétail maigre (exportation de l'offre excédentaire). Réassocier les activités d'élevage et d'engraissement

ferme, mais c'est par ailleurs prendre un risque financier considérable que seule l'assurance d'une valorisation sur le marché bio peut couvrir. Et pour eux se pose une question formulée de façon pressante et récurrente, à savoir comment rendre plus prévisible l'imprévisible, c'est-à-dire comment organiser leurs livraisons de bovins engraissés vers l'abattoir ? Il s'agit d'une question économique cruciale, mais derrière elle s'en profilent d'autres, plus floues : Ce type de filière peut-il s'inscrire dans une perspective de relation durable entre agriculteurs et grande distribution ? Et, quelle place y donner aux consommateurs ? Ces questions prennent encore davantage de sens parce qu'elles s'inscrivent dans l'horizon que nous avons signalé : préservation de l'environnement (élevage lié au sol), gestion des paysages et de la biodiversité, préservation de l'emploi agricole et rural et alternative à l'intégration croissante de l'élevage par les industries d'amont et d'aval. Elles se cristallisent donc autour de la reconnaissance de ce nouveau métier de « naisseur-engraisseur », qui suppose un autre rapport aux animaux, à la conduite de l'exploitation agricole et à la gestion du pâturage. En très bref, il traduit un autre modèle de développement rural, mais implique des risques financiers accrus, ce qui explique la volonté des éleveurs de stabiliser au maximum les débouchés de leur production.

Dans ce premier exemple, les acteurs sont *a priori* connus (ils sont d'ailleurs peu nombreux) : un groupe d'une vingtaine d'éleveurs, une coopérative de collecte, un distributeur et son abattoir. En revanche, aucune procédure n'existe pour les amener à collaborer et à partager leurs propres connaissances sur leurs échanges et l'ensemble de la filière en général. Ce problème se traduit dans une question très concrète : comment partager avec les autres acteurs la construction d'un planning qui permettrait de réduire l'incertitude de l'accès au marché des produits d'élevage ? Cette question, traitée dans le registre marchand du monde des abattoirs et des marchands de vaches, est subie par les éleveurs mais elle conditionne directement leurs revenus. Pour la coopérative chargée de la collecte vers l'abattoir, l'intérêt est d'assurer une meilleure continuité de la production en réduisant les effets d'engorgement liés aux cycles saisonniers de l'élevage. L'intérêt du distributeur est de resserrer ses liens avec son réseau d'approvisionnement en bovins de boucherie. Et nous découvrons que les connaissances du troupeau de groupement sont fragmentées : la connaissance détaillée de l'éleveur se limite à son cheptel, elle s'inscrit dans la durée de l'élevage et n'est partagée ni avec son voisin éleveur, qui est d'ailleurs aussi son concurrent, ni avec la

---

impose donc aussi aux éleveurs d'endosser cette incertitude. Une gestion qui est d'autant plus complexe que le marché de la viande bovine bio est étroit et limité à l'échelle nationale.

coopérative de collecte qui n'en a qu'une image approximative. En revanche, la coopérative de collecte a une bonne vue d'ensemble sur le troupeau d'engraissement, mais ses connaissances portent principalement sur l'horizon des quelques mois d'engraissement qui précèdent l'abattage. Et le distributeur a, quant à lui, une bonne connaissance du volume de la demande, de son évolution saisonnière ainsi que de la dynamique plus générale du marché de la viande bio et conventionnelle. Par contre, la connaissance qu'il détient du consommateur de viande bovine bio de grande surface se limite à des tonnages de viande et des comportements d'achat sur des secteurs plus larges (la viande, le bio). Comment alors planifier la production d'un produit vivant, qui ne bénéficie pas de référentiels précis, comme dans les filières conventionnelles ? (Stassart et Jamart 2005) Comment prévoir les livraisons sans avoir une représentation précise du stock de bêtes ? Ces questions se heurtent à la difficulté d'intégrer les différents temps et espaces variables de la filière, et elles doivent prendre en compte un stock qui varie en qualité d'une ferme à l'autre, et même au sein de chaque élevage.

Dans le cas de la gestion locale de la nature, les acteurs que nous suivons peuvent se raccrocher à une procédure participative qui leur est proposée par la Région wallonne (en Belgique) dans un programme expérimental : ce sont les « Plans Communaux de Développement de la Nature » (PCDN). Cette procédure suggère de réunir un forum de citoyens autour d'un objectif très général, à savoir coopérer volontairement pour construire des projets en vue d'enrayer la baisse de la biodiversité. Pour ce faire, la Région wallonne met à leur disposition une expertise de la nature sur le territoire local, dans le but d'élargir les connaissances disponibles sur les espaces remarquables et déjà protégés, les réserves. Par rapport aux inventaires précédents, l'originalité des cartes du réseau écologique consiste dans le fait que les différentes zones identifiées prennent de la valeur, non seulement en raison de la présence d'espèces rares, mais aussi en raison des utilisations extensives qui y sont pratiquées et/ou de leur place dans des ensembles de zones géographiquement proches (Mougenot 2003).

De telles ressources ne sont cependant que des « *portulans* » ! Et à ce stade, elles restent bien insuffisantes pour concrétiser de réels projets dans le but d'enrayer la baisse de la biodiversité au niveau local. Et en ce qui concerne les citoyens à mobiliser, ceux-ci ne sont pas clairement identifiés, et peuvent avoir des représentations et des usages de la nature très différents. Pour les uns, les objectifs qui peuvent émerger de ces plans portent des enjeux à court ou moyen terme : c'est la valeur économique présente ou potentielle des terrains qui est en cause. Pour les autres, leurs objectifs peuvent rester flous : il s'agit de protéger et gérer la nature telle qu'ils la pratiquent ou à laquelle ils sont attachés. De nombreuses personnes peuvent donc être potentiellement intéressées par les PCDN, mais à ce terme d'intérêt, il faut associer ses nombreux synonymes à savoir la curiosité, la passion, l'attention, la bienveillance, mais aussi, les avantages, les revenus, etc. Pour les experts, les incertitudes ne manquent pas non plus. Hors des réserves, les connaissances sont manquantes, difficiles à obtenir et, par ailleurs, l'idée de réseau écologique est un concept non stabilisé, malaisé à penser, qui doit prendre en considération un grand nombre d'espaces « ordinaires », à appréhender à travers l'idée d'entités fonctionnelles pour les espèces naturelles (Mougenot et Melin 2000).

Décrits de cette façon, nos deux exemples peuvent apparaître bien différents. Synthétisons-les brièvement à partir des ressources bibliographiques évoquées en commençant. Dans le premier cas, un objectif est clairement dégagé à court terme, en raison de l'enjeu économique clairement affiché par les éleveurs. Avec la coopérative et le distributeur, ils constituent un petit groupe de personnes connues. En revanche, ils n'ont pas forcément de sentiment collectif et n'ont aucune règle pour travailler ensemble, ni de représentant clairement identifié et sont pris dans des logiques marchandes. Les connaissances existantes sur le problème sont réparties de façon fragmentée, peu ou pas codifiées, encastrées dans les relations sociales qui composent la filière. Dans le second cas, le groupe n'existe pas *a priori*, les enjeux sont différents pour les uns et les autres et ils n'ont pas d'objectifs clairs. Par contre, une procédure est mise à leur disposition pour tenter de les amener à collaborer et à échanger des connaissances. Et dans ces deux cas, les objectifs à long terme restent vagues : construire une filière « durable » et gérer « la biodiversité » sont des objectifs qui offrent peu de prise. De part et d'autre, il existe aussi une tension entre les différents objectifs affichés et l'engagement que peuvent ou veulent prendre les acteurs, de façon individuelle ou collective.

Dans ces deux cas, la mobilisation d'un objet intermédiaire – en l'occurrence, un diagramme et une carte – va cependant s'opérer selon un mécanisme analogue, pour donner un premier élan à l'action. Cet objet va permettre un déplacement qui a trait à la façon de concevoir le problème, les connaissances à mobiliser et les relations entre acteurs. Et c'est ce mécanisme que nous voulons décrire dans le détail et, sur la base de nos observations, il peut lui-même se décomposer en trois séquences : (1) l'objet intermédiaire est cadré par une convention de départ, en même temps qu'il la crée ; (2) il représente la question à traiter ; (3) et il permet la transformation des connaissances et des relations.

Un mécanisme de représentation/transformation

Convention de départ

Les groupes que nous suivons sont confrontés à un paradoxe : ils « n'existent pas » (ou pas vraiment) et *a priori*, ils ne disposent pas de ressources internes (relations ou connaissances) pour agir. Pour commencer, ils doivent donc mobiliser une légitimité ou des connaissances qui, parce qu'elles sont externes, ne sont pas totalement crédibles ou présupposent déjà des engagements internes. La première difficulté consiste donc à associer ces deux types d'insuffisance ou de fragilité (interne et externe), et à en faire « quelque chose ». Et c'est là le premier rôle de l'objet : participer à la création d'une convention de départ[5] et, simultanément, l'exprimer.

Du suivi de notre première étude de cas, il s'avère que toutes les bêtes nées à la ferme n'aboutissent pas d'office au crochet de l'abattoir et ensuite dans les gondoles des supermarchés. Cette constatation qui peut avoir les allures d'une évidence prend, pour une filière d'élevage biologique, les caractéristiques d'un casse-tête : un tel type d'élevage ne peut en effet être conduit de la même manière qu'une filière bovine classique, en particulier parce que les éleveurs travaillent avec des races rustiques dont l'engraissement est moins prévisible et parce qu'ils sont « naisseurs-engraisseurs ». Ces caractéristiques font de la filière une voie alternative pour l'agriculture et plus généralement pour le développement rural, mais elles la mettent aussi en position de fragilité, toujours en quête de stabilité et d'appui auprès du distributeur et du consommateur. La situation pose problème parce qu'elle présente une configuration contradictoire : le marché a une demande constante, mais l'offre est saisonnière. Et ceci entraîne une difficulté qui est double : il faut penser de façon intégrée toutes les dimensions de la filière, mais il faut aussi les penser de façon partagée.

Or, on l'a dit, les éleveurs n'ont pas vraiment de règle explicite pour collaborer entre eux. Leur relation interpersonnelle et avec la coopérative fonctionne selon un mode très domestique, tandis que c'est dans un registre marchand que s'organisent les relations avec le distributeur. Or, dans ce registre, ils ont précisément pour règle de ne pas collaborer. Et dans cette situation caractéristique des milieux professionnels de la

---

[5] Le sens étymologique du terme *conventio* suppose un accord de plusieurs parties sur un sujet précis, un sens qui n'est pas sans rappeler le programme de l'« *économie des conventions* ». Mais dans ce texte, nous adoptons plus précisément la proposition de Gomez (1994), pour qui une convention est « génératrice d'information et d'interprétation, l'interprétation étant le traitement que chaque acteur peut faire de l'information qu'il reçoit ».

viande bovine, la maîtrise des données est une ressource stratégique. Pour eux, donner sa propre information équivaut à se priver d'une ressource. Pourtant des données décrivant la composition des troupeaux de fermes existent. Elles sont logées dans un système technico-administratif, géré par le ministère de la Santé (inventaires Sanitel). Ces données sont crédibles, parce que certifiées par les pouvoirs publics, elles sont cumulables parce que produites selon un format[6] standard et elles sont accessibles, mais exclusivement pour chaque propriétaire de troupeau qui peut y recourir, sur simple coup de téléphone à l'administration. Ces informations présentées sous la forme d'un inventaire, ferme par ferme, intéressent depuis longtemps la coopérative de collecte. Elles lui permettraient de stabiliser la filière et d'assurer une spécificité unique du système bio : cette qualité de « naisseur-engraisseur » qui permet de garantir que les bêtes sont nées et engraissées dans la même ferme, qualité que recherche aussi le distributeur, qui y voit une réelle plus-value commerciale.

La solution au problème du groupe que nous suivons ne consiste cependant pas à penser « simplement » que les éleveurs pourraient libérer les données sur leurs troupeaux, données qu'ils gardent jalousement, et qu'elles pourraient être croisées avec celles que le distributeur possède par ailleurs sur l'évolution de ses commandes en carcasses. Et c'est une transaction entre coopérative de collecte, éleveurs et chercheurs qui va permettre cette mise en comparaison, en apportant ce qui manquait, à savoir l'accord collectif des éleveurs pour autoriser la consultation de leurs données personnelles. Grâce à l'entremise des chercheurs se construit ainsi une entité reconnue comme « groupement d'éleveurs », qui devient l'interlocuteur du distributeur et du collecteur. Cette nouvelle entité va désigner ses représentants et donner mandat pour autoriser le rassemblement des inventaires Sanitel, inventaires que les éleveurs ont maintenant décidé de livrer. Si un tel accord est possible, c'est qu'il s'appuie sur un début d'engagement entre éleveurs. Plus précisément, des éleveurs demandent à d'autres éleveurs l'accès à leurs données, mais c'est un engagement qui se construit aussi avec les autres acteurs de la filière : le droit de regard sur la situation personnelle de chacun est négocié contre l'accès au marché. Et cette demande rend aussi les éleveurs solidaires : tous doivent s'engager de la même manière et ceux qui refusent de participer seront exclus du groupe.

L'apport mutuel de données qui étaient jusque là détenues par chacun sera exprimé dans un diagramme, dont l'examen aura lieu dans la

---

6 Et nous rejoignons sur ce point la proposition de R. Barbier et J.-Y. Trépos (2007) quant ils avancent que la notion de « format » articule deux dimensions, l'une socio-cognitive, de compatibilité et l'autre socio-politique de prescription.

cuisine de l'un des éleveurs, le soir, autour du fourneau. Et il faut ici prendre toute la mesure de ce que signifie cette scène : une cuisine paysanne est en effet véritablement le lieu « où on cause ». Ce qui peut être dit dans la cuisine, entre hommes, à grand renfort de café et ensuite de bière, n'est pas ce qui se dit au pré ou à l'étable avec les bêtes, et bien entendu, pas non plus ce qui se dit dans une salle de réunion. Tout se passe ici comme si, pour l'occasion, les éleveurs exprimaient des règles de coopération d'un groupe qui n'existait jusque là qu'à l'état virtuel : ils se réunissent dans la cuisine de l'un d'entre eux, le plus âgé, considéré tacitement comme le leader de ce groupe qui n'existe pas encore. Mais alors qu'une rencontre dans un tel lieu familier consiste d'habitude à échanger des pratiques vécues sur un mode familier, ici l'objet de la réunion consiste à examiner le produit de l'agrégation des données administratives de chacune de leurs fermes. Ce faisant, tout se passe aussi comme s'ils donnaient à la coopérative, mais surtout aussi au distributeur, « un droit de regard sur leur chambre à coucher ».

Dans le cas des PCDN, l'entreprise doit reposer aussi sur le succès d'une alchimie inédite. D'un côté, il ne semble plus possible d'élargir la conservation de la nature par des voies réglementaires, et il est nécessaire de collecter des données sur des espaces considérés jusque-là comme « ordinaires ». Il faut donc obtenir la mobilisation des citoyens pour qu'ils partagent leurs connaissances particulières, mais précises sur ces espaces et qu'ils proposent de nouveaux modes de gestion qui peuvent leur être appliqués. Mais d'un autre côté, les citoyens ne sont pas d'emblée prêts à s'engager dans une démarche qui vient « d'en haut », c'est-à-dire de la Région wallonne, et ils répondent à cette demande en apportant avec eux leurs propres intérêts. Comment peuvent-ils alors entrer dans une interdépendance positive, de manière à proposer des projets qui peuvent être reconnus comme « d'intérêt général » et en même temps comme « bons pour la biodiversité » ?

Dans la commune de V., le lancement du PCDN et de son expertise écologique va mettre en évidence un vide qui pourrait devenir un plein, à savoir un réseau écologique : il s'agit du site d'une ancienne voie de chemin de fer, qualifié d'une valeur biologique remarquable. Non seulement la nature a réinvesti l'ancienne voie ferrée, mais il apparaît aussi que cette dernière a été construite le long d'un cours d'eau, le T. (ce fait était fréquent, puisque la construction d'une voie ferrée était facilitée par la régularité du niveau de l'eau). Or, entre les deux, un chapelet de petites zones humides enclavées, donc abandonnées, se révèle d'un grand intérêt. L'ensemble, constitué de ces petites zones voisines de la rivière et du chemin de fer abandonné, est désigné par l'expert comme un réseau écologique à conserver en priorité, dans la nouvelle politique communale pour la nature. Or la diffusion de l'expertise écologique va aussi réactualiser un autre projet et également un vieux conflit. En effet, depuis plusieurs années, un comité de quartier souhaite transformer cette ancienne voie de chemin de fer en « sentier-nature ». Ce projet vise à améliorer la qualité de la vie des habitants, car l'ancienne voie ferrée est devenue un chemin plein de charme, permettant de quitter les quartiers habités pour se retrouver rapidement en pleine nature. Mais cette idée va à l'encontre d'un autre projet communal qui entend profiter de ce même espace libre, pour construire un contournement routier et rendre ainsi de nouveaux commerces plus accessibles. Cet espace vide, déserté par le train, apparaît dès lors plein de projets et d'intérêts pour les habitants de la ville de V. dont une partie s'oppose ainsi à une autre.

Le PCDN de V. réveille cette dispute, mais il va aussi donner une tribune publique à ces quelques habitants dont le projet se trouve soudainement rehaussé par la légitimité de l'expertise écologique. La procédure participative qui est proposée permet en effet d'innover par rapport aux modes d'expression habituelle des citoyens. Profitant de cette ouverture, ces habitants saisissent l'occasion pour exposer leur projet qui sera immédiatement reconnu comme très intéressant pour l'ensemble de la commune. Un groupe plus large se mobilise alors, ce qui exige de faire taire les désaccords anciens qui divisaient la commune. Dans la foulée, les habitants qui ont apporté le projet le rebaptisent : « sentier-nature », il devient ainsi un « sentier-réseau ». Et pour concrétiser leurs objectifs, ils s'impliquent directement dans la réalisation d'une carte dont la taille est surprenante : environ un demi-mètre de haut sur cinq de long, ce qui tranche avec la carte de l'expert réalisée à une échelle classique (1/20.000°). Cette nouvelle carte qui détaille l'ensemble du réseau de parcelles qui peuvent être associées dans le projet de réseau écologique demande un support proportionné à sa taille ! Installée sur la table des mariages, dans la salle du même nom, elle sera l'objet d'une curieuse réunion où, comme dans une réception de mariage (encore !), des petits groupes de discussion se font et se défont. Et cette discussion se déroule dans une ambiance inédite qui associe la légitimité publique du projet et du lieu à la possibilité pour chacun d'exprimer son intérêt et son attachement à un ou plusieurs des espaces représentés par la carte.

Les deux exemples que nous suivons sont très différents. Nous voyons cependant leurs acteurs confrontés au même problème, c'est-à-dire à la nécessité de combiner deux apports différents pour faire démarrer une action collective. Car il faut d'un côté s'appuyer sur une ressource préexistante, mais aussi extérieure au groupe, s'enracinant dans d'autres actions et d'autres légitimités, ici scientifiques et administratives. Et il faut d'un autre côté qu'émerge le début d'un engagement interne, les acteurs doivent accepter de se faire confiance, de faire taire leurs vieilles disputes et d'apporter leur évaluation sensible du problème. L'observation de la première séquence du mécanisme nous conduit alors à tourner le dos à la dichotomie bien connue qui veut qu'une démarche *top down* s'oppose systématiquement à une démarche *bottom up*. Ici, on le voit, s'il appartient aux acteurs de juger ce qu'ils vont ou non prendre en compte, ils n'hésitent pas à mobiliser des modes d'une crédibilité externe, contestée ou toujours suspecte, pour faire démarrer leur projet sur la base d'un engagement seulement en train d'émerger. Ces deux apports sont évidemment différents, et l'absence de l'un ou de l'autre peut empêcher l'action collective de démarrer ou la conduire à un terme prématuré. Mais à ce stade, ils sont aussi toujours à l'état de deux « riens » ou de deux « presque riens ». Or voilà le premier tour de force auquel les objets participent : en arrimant légitimité extérieure et engagement interne, la production du diagramme et de la carte réalise un accrochage qui n'est pas une simple adaptation d'un monde vers l'autre, mais bien réelle articulation entre les deux. Il donne ainsi à « voir quelque chose », mais pour ce faire, les objets doivent aussi « être vus comme quelque chose ». Et cette première séquence a lieu sur une scène qui, elle aussi, doit « convenir », selon des modalités temporelles et spatiales acceptées et voulues par les acteurs (Nonaka et Toyama, *op. cit.*). L'objet assure ainsi un premier saut dans l'efficacité collective, il crée une nouvelle entité de questions et de relations. Leur réalisation va traduire des préoccupations individuelles et collectives, privées et publiques, ordinaires et scientifiques, elle va témoigner de faits, mais aussi des engagements qui émergent et elle va s'appuyer sur des accords, en même temps qu'elle les constitue. Mais ce faisant, cette réalisation devient aussi plus locale, ancrée dans un contexte et une histoire singulière dont elle ne pourra plus être dissociée.

Représentation

Et voici ces objets exposés au regard de tous : un diagramme et une carte, provoquant une rupture inattendue, alors que leur indétermination reste cependant très large (Barbier et Trépos 2007). Dans cette seconde séquence, nous voulons d'abord insister sur leurs propriétés matérielles, car il s'agit bien d'images, avec un graphisme, un support et une taille particulière. Bien entendu, ces caractéristiques ne peuvent être séparées du travail préalable qui les a précédées et chemine toujours en elles (la légitimité scientifique, administrative, le caractère sensible de l'attachement à des pratiques ou à des espaces, etc.). Mais ici, nous nous attachons principalement à leur forme matérielle, capable de produire un résultat par des caractéristiques qui lui sont propres. Car le graphique et la carte dont nous parlons ont des compétences différentes des autres manières de rendre compte du problème, par exemple de deux colonnes de chiffres, celle de l'offre et de la demande en bovins ou d'une liste de sites naturels présentant des caractéristiques naturelles spécifiques. Ces images désignent quelque chose qui peut être saisi en un seul coup d'œil et accessible à tous au même moment. Et du coup, leur caractère tangible et visible leur confère un caractère indiscutable, même s'il commence seulement à être discuté !

Les « données » administratives individuelles des éleveurs sont plutôt des « obtenues » (Latour 1993), puisqu'elles ont supposé un engagement de leur part. Elles ont changé de statut et sont devenues une ressource collective, grâce à l'engagement intervenu entre eux et le distributeur. Elles vont être exprimées dans un diagramme, sous la forme d'une courbe de projection des naissances à 24 mois : c'est la courbe théorique des produits de sortie du troupeau du groupement. Et cela est possible en raison du format même de ces données, standardisées et cumulables. Mais c'est également le format qui va permettre d'exprimer la demande des consommateurs sous forme d'une seconde courbe, représentant l'évolution des bêtes abattues et vendues. Les éleveurs de bovins « bio » se retrouvent donc dans la cuisine de l'un d'eux, autour de ce diagramme composé de deux courbes, celle qui exprime l'offre de bêtes, en cumulant le nombre de naissances et celle qui exprime la demande du distributeur, le nombre de bêtes abattues et vendues. Dans un « format qui convient » (encore !), c'est-à-dire dans les formes et les légitimités habituelles du discours agro-économique, apparaît alors pour la première fois une image qui exprime la rencontre entre deux représentations, celle de l'ensemble du troupeau et de ses variations saisonnières et celle de la demande des consommateurs. Ce diagramme n'est pourtant pas un diagramme ordinaire, comme ceux que les économistes peuvent fabriquer en série, à l'abri de leurs bureaux. Car il synthétise une « filière », qui jusque là n'existait pas vraiment, en rassemblant ce qui était incommensurable et disjoint, à savoir les taureaux et les vaches « bio » d'une vingtaine d'éleveurs et les achats des consommateurs s'exprimant dans une centaine de points de vente.

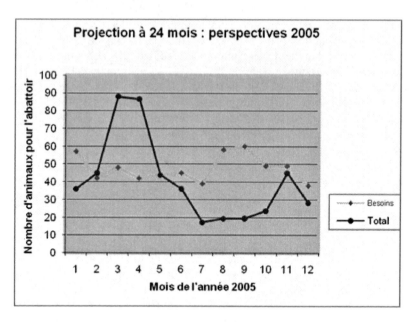

Source : Centre Wallon de Recherche Agronomique, Section Système Agraire, 2004.

C'est une image qui concentre et permet de pointer en un seul coup d'œil la représentation de la filière. Pour les éleveurs présents, elle crée un double choc puisqu'elle apporte un aperçu des décalages entre offre et demande, mais aussi qu'elle les solidarise. Ainsi, la perte que chacun pourrait ressentir en sortant ses données de la confidentialité peut être compensée par la promesse d'une action collective qui s'esquisse. Le diagramme n'exprime donc pas seulement quelque chose qui existait et a été mis à disposition… ce sont des connaissances partagées autour d'une entité collective qui émerge.

Dans la commune de V., la carte qui est bricolée par les partenaires eux-mêmes représente uniquement la vallée du T., le cours d'eau, l'ancienne voie de chemin de fer qui le longe, ainsi que les parcelles adjacentes. Elle découpe et isole ces éléments de la première carte, celle de l'expert, qui est maintenant reléguée au fond de la salle des mariages et elle permet de saisir, d'un même regard, le réseau écologique qu'il conviendrait de préserver et de gérer, concrètement. Comme dans le cas du diagramme, la carte dont nous parlons n'est pas « simplement » la mise à disposition de connaissances non dites ou éparpillées, et ce n'est donc pas non plus une carte écologique « comme les autres ». La façon dont ces données ont été collectées et leur confrontation avec l'expertise les dotent d'un nouveau statut, celui de « connaissances citoyennes » qui constituent les ressources du nouveau groupe qui se crée.

Cette carte est surprenante en raison de son support, ce sont des cartons assemblés de façon grossière par des personnes qui ne sont pas des professionnels, mais aussi par sa taille, elle peut être regardée et discutée par un grand nombre de personnes qui circulent autour d'elle en permettant à chacun de s'y voir. Mais cette carte est aussi inattendue, parce qu'elle combine des caractéristiques écologiques et des usages humains actuels ou potentiels. De ce fait, elle va remplir plusieurs fonctions qui se complètent. D'abord, elle organise le passage d'une notion abstraite, celle de réseau écologique, un concept scientifique non approprié par les habitants, à l'élaboration de projets concrets. Elle leur donne ainsi une prise sur la biodiversité, notion qui n'avait jusqu'alors à leurs yeux que des contours très incertains, alors que l'ensemble qui leur est proposé a désormais une double définition de réseau écologique et de sentier nature et qu'il intègre l'étude écologique et ses références scientifiques dans les représentations des habitants. La carte fait donc converger des connaissances expertes et/ou générales avec des connaissances profanes et/ou de proximité et elle apporte aux personnes présentes un nouveau regard et de nouveaux questionnements sur des espaces proches, espaces qu'elles connaissaient jusqu'alors par familiarité. Et la carte associe entre eux différents espaces qui ne peuvent être désormais que pensés dans leur relation avec « le tout ». La proximité entre les zones que la carte donne à voir dans une seule image permet donc de penser les effets que peut induire la proximité de leurs usages et de leurs fonctions. La conception de l'ensemble d'un « sentier-réseau » peut alors s'esquisser en tenant compte des caractéristiques de chacun de ses éléments (caractéristiques naturelles, mais également économiques, sociales, foncières) et en tenant compte du tout que le groupe tente de se représenter. En circulant autour de la carte et en échangeant avec les uns et les autres, chaque personne présente à la réunion est amenée à renoncer à la vision ou aux usages particuliers qu'elle pouvait avoir de certains espaces. Cette vision est transférée ou intégrée dans un ensemble qui peut permettre de nouveaux usages et remplir des fonctions écologiques.

Un panneau borde le sentier aménagé,
une traduction supplémentaire de ce processus de représentation

Les images donnent à voir et à penser. Elles concentrent et élargissent en en même temps et donc elles lient et délient. Avec les acteurs que nous accompagnons, nous découvrons que le diagramme et la carte permettent de représenter la tension qui existe entre des individus et un groupe. Mais elles expriment aussi une tension entre des fonctions jusqu'ici séparées, voire même opposées : l'offre de bêtes et la demande de viande dans notre premier cas ; les usages quotidiens et les fonctions écologiques, dans le second. Et elles visualisent aussi différents temps, celui de l'offre et de la demande dans le cas de l'élevage « bio » qui peuvent ainsi être perçues de façon dynamique, ou celui des différents types d'usages des parcelles réunies dans le cas du réseau écologique. Il apparaît alors de manière évidente aux yeux des acteurs que toutes ces tensions ne sont pas le problème, mais bien le début d'une solution. En offrant une vision de ces décalages, les images permettent d'imaginer (autrement) la question, elles vont donner une prise sur ce qui était jusqu'ici incertain, voire même impensé ou impensable. Et en cristallisant un ensemble de données, elles vont apporter un gain dans l'efficacité collective, parce qu'elles permettent de se concentrer sur « un tout » qui peut être saisi en un seul coup d'œil. Ce sont des « résumés » d'un ensemble de liens que les personnes apportent avec elles et qui sont faits de significations personnelles, mais seront désormais marqués par un statut différent, collectif ou public. Leur découverte et leur articulation constituent un basculement qui est pour nous la deuxième séquence de la création collective.

Transformation

Ces objets vont alors être mobilisés comme le point de départ d'une nouvelle exploration collective. En intégrant de nouvelles connaissances, en les testant, les interrogations deviennent plus précises et elles vont provoquer une mise à l'épreuve de tous les liens qu'elles contiennent. Cette troisième séquence est celle des premiers résultats concrets, mais elle pourra aussi entraîner une remise en cause de la convention de départ, de la légitimité et des engagements des acteurs.

Le diagramme qui représente l'offre et la demande de viande bovine « bio » va ouvrir un certain nombre de questions et même tester la solidité des relations que sa fabrication a supposées. Tout d'abord, la précision des données, qui a permis cette image, sera remise en cause, car derrière l'enregistrement officiel de la date de naissance du veau, se cache une imprécision que les éleveurs connaissent, mais dont ils ne souhaitaient pas parler jusqu'ici. Cette indétermination est liée aux méthodes d'engraissement et permet de garder en état pour le marché des bêtes entre 18 à 24 mois. Les éleveurs savent que l'enregistrement administratif peut être avancé ou reculé de deux mois par rapport à la naissance effective. Mais ces décalages n'ont jamais été discutés collectivement. Or, l'examen du diagramme montre que la légitimité et la précision des données Sanitel doivent être combinées avec la stratégie des éleveurs et leurs anticipations sur l'état du marché. Cet apport nouveau d'information relativise à son tour la pertinence de la projection à 24 mois et il ouvre une série de questions autour du type d'engraissement que l'on veut favoriser dans la filière : le veut-on « forcé ou non forcé » ? Et d'ailleurs, que veut dire garder une bête « en état » ? Comment pousser l'engraissement d'une bête et en même temps respecter l'obligation de pâturage qui est reprise dans le cahier des charges de ce type de production ? À plus long terme, d'autres questions en découlent : quels sont les modèles d'organisation d'étalement des naissances ? Quelles sont les évolutions possibles du cahier des charges d'une production « bio » ? Quelles sont leurs implications en termes d'organisation du troupeau et de l'étable ? Comment construire un outil de suivi de la question ? Et pour finir : qu'est-ce qu'engraisser un bovin « bio » ? Ainsi d'une façon imprévisible pour tous les participants, le diagramme ouvre la question du contrôle de la traçabilité de leurs pratiques en tant que « naisseur-engraisseur ».

Toutes ces questions se posent à la fois en termes de connaissances, non dites, fragmentées ou tout simplement manquantes, mais également en termes de relations et d'engagements réciproques. Et elles interpellent aussi le distributeur sur la régularité des comportements des consommateurs qu'il représente : sont-ils exclusifs ou occasionnels ? Car bien entendu, c'est aussi la nature de la relation entre les deux courbes qui va être interrogée : le diagramme permet de pointer la question de décalage entre offre et demande parce qu'il opère une articulation entre le temps de l'élevage, celui de la coopérative de collecte et celui de la distribution. Et à chacun de ces temps correspond une question spécifique : comment étaler les naissances dans l'espace de la ferme ? Comment tenir des bêtes prêtes pour l'abattoir pendant 3-4 mois ? Et quels peuvent être les modèles d'étalement des naissances et leur impact qui ne se manifesteront qu'en fin de cycle, c'est-à-dire trois ans plus tard ?

La cristallisation de la filière dans un graphique permet alors d'observer comment les acteurs peuvent ou non se rattacher à de nouvelles questions, ce qui constitue pour eux des contraintes incontournables et aussi les modes d'interactions qu'ils sont susceptibles d'accepter. Ainsi, si l'étalement des naissances apparaît discutable, la planification de l'engraissement l'est beaucoup moins pour la coopérative de collecte. Et si le distributeur peut avoir un droit de regard direct dans les fermes à travers le document Sanitel, les éleveurs en revanche demandent le principe d'un regard réciproque entre éleveurs par la médiation de leurs représentants et un regard partagé sur la globalité du troupeau de groupement par l'intermédiaire du diagramme. L'exploration collective montre aussi, en négatif, tout ce que le diagramme ne peut pas traiter et qui ne peut donc faire l'objet d'un accord : le déchet dans les fermes, les déclassements à l'abattoir, les vaches de réforme pour le haché, les assortiments et leur variation en grande surface selon le réseau de vente, les variations spatiales, saisonnières, etc. Les participants découvrent aussi que si la filière compte trois catégories d'acteurs visibles (les éleveurs, la coopérative de collecte et le distributeur), elle se structure de fait avec un acteur supplémentaire avec lequel il faut compter : l'abattoir. Il leur apparaît alors que la convention de départ supposait tacitement que le distributeur était capable de représenter l'abattoir et qu'elle devrait être révisée. Le graphique a permis de se déplacer d'un problème crucial pour les éleveurs, à savoir placer leurs bêtes dans la filière à un autre problème, à savoir ajuster l'offre à la demande et réciproquement. L'enjeu économique continuant à exercer une pression forte, ils imaginent qu'une solution à ce problème pourrait être la distribution de quotas. Celle-ci pourrait s'organiser entre eux selon deux priorités : favoriser la qualité de « naisseur-engraisseur » et favoriser la capacité à étaler les naissances. La distribution de quotas apporterait aussi, de fait, une définition formelle du groupe d'éleveurs puisque ceux qui n'y participent pas en sont d'office exclus.

Dans la commune de V., la carte combine des objectifs qui devraient être favorables aux espèces naturelles et à leurs déplacements et des objectifs liés aux usages et à la qualité de la vie des habitants. Elle donne à voir le « sentier-réseau » et en même temps le sépare du reste du territoire communal et elle permet aussi d'élémentariser chacun des espaces qu'elle associe et qui sont qualifiés d'« antennes du projet », ce qui en permet une exploration spécifique. Celle-ci est favorisée par le format de la carte géante. La constitution des petits groupes qui se font et défont autour d'elle est l'expression visible de nouvelles interactions qui se construisent. Les personnes qui se déplacent autour de la table apportent de nouvelles informations utiles dans la démarche et elles élargissent encore l'hétérogénéité des éléments à prendre en compte pour mettre effectivement en place ce « sentier-réseau ». De nouvelles questions sont ainsi posées : à qui appartiennent ces parcelles ? Quel est leur usage actuel ? Et, quel projet peut-on dessiner pour elles ? Auparavant ce que savaient les uns ou les autres (par exemple le fait que l'état de telle parcelle s'explique parce qu'elle est exploitée par un agriculteur âgé qui songe à se retirer prochainement) constituait des connaissances non dites et surtout fragmentées. Elles sont maintenant ajustées les unes aux autres et il apparaît aux yeux des personnes présentes que toute information, quelle qu'en soit la nature, a son importance dans le projet.

Mais en même temps, les participants réaffirment aussi les priorités qui sont les leurs dans leurs modes de vie et leur façon de percevoir la nature. Pour certains, le sentier devrait favoriser le déplacement des enfants qui vont à l'école en vélo, c'est pour eux une solution plus sûre que d'emprunter la route voisine. Cette priorité suppose que le sentier ait une assise relativement régulière, ce qui peut avoir des effets sur la petite faune. Au fil de la discussion, il apparaît ainsi que certains projets sont compatibles et peuvent même se renforcer les uns les autres, alors que d'autres doivent être écartés. Et ce travail d'inclusion-exclusion est d'autant plus crucial qu'il est lié au caractère linéaire du site : ouvrir le sentier à certains « usagers », qu'ils soient humains ou naturels, c'est leur donner accès à la totalité du réseau. Cette qualité transversale qui fait l'intérêt du site oblige aussi à régler les questions pour tout le monde, au moins de façon temporaire (Mougenot, *op. cit.*). Dans le travail, chaque information nouvelle sur les parcelles et le chemin qui les relie fait découvrir de nouvelles relations inclusives ou exclusives, relations qui concernent les participants et en même temps la nature. Autrement dit, la représentation du réseau écologique qui est proposée fait ainsi émerger la construction d'un réseau humain qui cherche à le préserver. Mais la réciproque est aussi vraie, de ce réseau de personnes dépend la construction d'une nature telle qu'elle peut être préservée et gérée.

La carte permet d'explorer un nouveau champ de possibles, de définir une stratégie et de nouveaux projets pour la gestion de la nature. Elle invite à imaginer, dans un temps qui reste à venir et aussi à construire, des projets pour l'ancien chemin de fer, la vallée du T., ainsi que pour les parcelles adjacentes. Mais très vite aussi, elle va donner à voir les limites de ces nouveaux objectifs. Car si les partenaires sont nombreux autour de cette grande carte, il s'avère rapidement qu'ils ne le sont pas encore assez, et que toutes les personnes concernées ne sont pas présentes. En particulier, les propriétaires des parcelles sont loin d'être tous là. Et du coup, une nouvelle épreuve attend le groupe qui avait pourtant réussi à écarter le projet communal de contournement routier, car il faudra aussi convaincre les propriétaires de s'impliquer dans ces projets qu'ils ont imaginés pour eux-mêmes, pour les autres, et pour la nature. Et il leur apparaît ici qu'il s'avère utile de faire une distinction entre des personnes « affectées » par un problème, et celles qui sont « concernées » par ce même problème (Grin *et al.* 1997). En bref, les partenaires vont au devant d'une nouvelle épreuve, ils car découvrent progressivement qu'ils ne constituent peut-être pas le groupe « qui convient », pour mettre en place les projets que la carte les a invités à imaginer.

Par le choc visuel produit par les images, les éleveurs ont découvert qu'ils ne devaient plus seulement penser le problème de leurs fermes, mais aussi celui de l'équilibre de toute la filière. Et les habitants de la ville de V. ont constaté qu'au-delà de leur attachement à certains espaces de la commune, une vision d'ensemble peut être proposée, en combinant les usages humains et le développement de la nature. Un nouveau travail s'impose à eux, à travers une séquence qui est celle du questionnement, du test, du déplacement et de la transformation, avec de nouvelles épreuves qui les attendent. Dans cette séquence, les acteurs apportent de nouvelles connaissances, en les faisant passer d'un état non dit ou fractionné, à un état explicite et intégré dans le projet (Nonaka and Toyama, *op. cit.*). Il leur apparaît alors que même si ces connaissances ont un statut différent, notamment de celles de départ (scientifiques et administratives), toutes sont utiles car chacune d'elle « fait » ce que les autres ne font pas (Cook et Brown 1999). En les réunissant, ils définissent plus précisément leurs problèmes, leur apportent des solutions pratiques, tout en les replaçant dans un contexte élargi, ce qui permet d'en dessiner les éléments incontournables et ceux qui sont accessoires. Simultanément, leur façon de se voir les uns les autres se modifie, ils s'interrogent sur les partenaires présents dans le groupe, sur ceux qui ne le sont pas, sur les manières dont ils devraient s'organiser, être représentés, etc. Et à travers ces déplacements, les acteurs vont combiner ensemble ou séparément les ressorts de l'action collective que nous avons évoqués au début de ce texte.

Épilogue

Des éleveurs « bio » cherchent à faire reconnaître leur filière de production de viande bovine et, avant tout, ils la voudraient plus prévisible. En donnant accès aux données personnelles qui concernent leurs fermes, ils autorisent la réalisation d'un diagramme représentant l'offre et la demande. Et par ailleurs, un groupe de citoyens accepte de participer à la gestion de la nature sur le territoire de leur commune en établissant eux-mêmes la carte d'un réseau écologique mélangeant des données scientifiques et leurs propres connaissances des lieux. Ces histoires ne sont pas finies, ce sont des processus, dont chaque étape pourra prendre une direction inattendue.

Dans la recherche-intervention portant sur la production bovine de type biologique, nous découvrirons que la construction d'une véritable filière n'est pas une petite affaire, qu'elle va susciter de nombreuses situations imprévues et que beaucoup d'épreuves attendent encore les acteurs qui s'y impliquent. À chaque étape, il s'agira de compenser l'incomplétude des informations apportées et de gérer la confiance qui se cherche dans les interactions successives, c'est-à-dire plus exactement, de gérer l'engagement limité que peut prendre chacun. Et ces éleveurs devront plus tard dépasser la question de l'engraissement pour s'interroger sur les conditions de la production animale, conditions que la science zootechnique s'était progressivement appropriée.

Dans notre seconde étude de cas, il apparaîtra que l'intérêt des habitants pour un « sentier-nature » ne peut constituer un argument suffisamment solide pour décider les propriétaires des parcelles concernées par le projet à s'y impliquer. Ce n'est qu'en élargissant encore les objectifs et en montrant leurs retombées au niveau du tourisme local, que ces propriétaires accepteront de devenir partenaires à part entière. Il apparaîtra alors qu'un groupe relativement flou de citoyens n'est plus véritablement apte à piloter un tel projet. Au fil du temps, va émerger un comité de « gestion technique » réunissant les professionnels des diverses administrations impliquées au niveau local. Ce groupe transversal, qui n'existait pas précédemment, pourra intervenir de façon flexible et sera très efficace dans la gestion des problèmes. Mais il n'entretiendra plus qu'un lointain rapport avec le groupe extensible des partenaires qui s'étaient mobilisés au départ (Guyader 2004).

Ces évolutions sortent du cadre du mécanisme éphémère que nous décrivons et qui sera suivi de nouvelles séquences fonctionnant de manière analogue ou autrement. Il est donc par nature incomplet ou toujours en devenir, mais ce qui nous importe ici, c'est avant tout de souligner comment il participe à des trajectoires qui s'esquissent, en combinant fondements et remises en cause.

Conclusion

C'est donc un mécanisme qui se suffit à lui-même que nous avons voulu décrire dans ce texte, sans nous préoccuper des suites vécues par les acteurs de nos deux cas d'étude, la production des deux objets qu'ils mobilisent nous apparaissant comme des moments de cristallisation de l'action collective qu'ils esquissent.

L'efficacité de ces objets va rester limitée dans le temps et l'espace, ils sont en effet impossibles à utiliser dans d'autres contextes ou par d'autres acteurs. Mais en même temps, ils produisent « quelque chose » que nous avons cherché à expliciter dans les trois séquences de « convention », « représentation » et « transformation ».

Ces trois séquences peuvent aussi être retraduites dans les questions suivantes : qu'est-ce qui permet un accord de départ dans un groupe qui n'est pas vraiment constitué et autour d'un problème qui n'est pas défini précisément ? Comment ce problème peut-il être représenté ? Et qu'est que la saisie de cette image provoque ou permet ? La première séquence rend compte d'un arrangement préalable à l'émergence de l'objet. Il traduit l'articulation entre la mobilisation d'une légitimité extérieure au groupe, toujours suspecte, et d'un engagement qui ne fait qu'émerger dans ce groupe. Et ce qui rend possible cette première convention est le format de la scène sur laquelle elle s'exprime, format que choisissent ou acceptent les acteurs. La convention de départ est donc un arrangement de composantes qui apportent des connaissances et un mode de relations utiles à l'action. La seconde séquence est celle de la représentation et du basculement qu'elle rend possible. Les images produites permettent en effet de saisir en un seul coup d'œil les tensions présentes dans le problème qui se découvre. Tenant ensemble individu et collectif, ici et ailleurs, elles opèrent un travail qui lie et délie, concentre et élargit, et qui ouvre la porte à la troisième séquence, qui est de l'ordre de la transformation. Ces images permettent en effet d'explorer, de tester, de questionner, de recomposer, soit autant d'actions qui s'appliquent aux connaissances mobilisées par les acteurs et aux relations qui se créent ou se renforcent.

La première et la troisième de ces séquences sont passagères dans des histoires plus longues, mais elles s'inscrivent cependant dans la temporalité des projets que les acteurs cherchent à construire. C'est le temps que nécessite l'exploration des légitimités qui caractérise les connaissances et les relations, légitimités qui s'imposent autant qu'elles s'exposent et qui apportent des occasions d'ouverture *et* de fermeture. Mais l'efficacité du mécanisme que nous mettons en évidence tient aussi dans la force du basculement qu'il permet et qui s'exprime le mieux dans la deuxième séquence, celle où prédomine la forme et qui est de l'ordre de l'instant : la découverte collective et simultanée d'une image est le moment éphémère de ce mécanisme éphémère.

Ainsi, à l'inverse d'une approche qui insisterait sur le caractère structurant des objets, nous soulignons ici leur caractère fugace ou évanescent. Ces intermédiaires ne sont pas des articulations solides, mais des points de basculement dont le degré de réversibilité est variable : ils ne tiennent *que* par les engagements des acteurs qui les mobilisent et les attachements aux contextes qui les ont produits. Prétextes pour accompagner les explorations et les transformations, ces objets libèrent des ressources nouvelles, qui restent cependant empreintes de toute leur fragilité. En ne disant pas ce qu'il y a à faire, leur force réside avant tout dans leur caractère souple, dans leur capacité à capter l'hétérogène et à le représenter. Or cet hétérogène, nous pouvons le voir à un premier niveau, quand il concerne l'ici et l'ailleurs, ou encore l'individuel et le collectif, soit des changements d'échelles qui constituent un premier enjeu du développement durable. Mais ces objets éphémères nous suggèrent des changements que l'on pourrait qualifier de second ordre, quand ils saisissent simultanément et « en tension » des éléments aussi différents que la quiétude de riverains ou la gestion du patrimoine foncier de propriétaires et un objectif de protection d'un bien commun, ou encore les exigences d'un distributeur à satisfaire au jour le jour son marché national et les préoccupations d'un petit groupe d'éleveurs qui recherchent une conduite « bio » de leur troupeau.

Ces objets se situent dans des trajectoires qu'ils ont la capacité d'infléchir, de faire bifurquer, par un travail d'intégration paradoxal qu'ils réalisent en un seul coup d'œil, une force qui produit le basculement dans le changement de relations et de connaissances. Or ces changements nous intéressent puisque nous les voyons au cœur de ces dynamiques d'action collective vers plus de durabilité. Ces objets apparaissent alors comme des appuis stratégiques pour de nouveaux apprentissages collectifs. Et proposant de véritables esquisses de cartes maritimes de mers et d'océans jusqu'alors inconnus, ils apportent, selon nous, des ressources dépassant de loin ce que pouvaient offrir les *portulans*.

Bibliographie

Barbier, R., Trépos, J.-Y., « Humains et non-humains : un bilan d'étape de la sociologie des collectifs », in *Revue d'anthropologie des connaissances*, n° 1, 2007, p. 35-58.

Cook, S. D. N., Brown, J. S., « Bridging Epistemologies : The Generative Dance between Organizational Knowledge and Organizational Knowing », in *Organization Science*, n° 4, 1999, p. 381-400.

Dodier, N., « Remarques sur la conscience du collectif dans les réseaux socio-techniques », in *Sociologie du Travail*, n° 2, 1997, p. 131-148.

Favereau, O., L'incomplétude n'est pas le problème, mais la solution, in B. Reynaud (dir.), *Les limites de la rationalité, t. 2*, Paris, La découverte, 1997, p. 219-233.

Friedberg, E., « Les quatre dimensions de l'action organisée », in *Revue française de sociologie*, XXXIII, 1992, p. 531-557.

Godart, O., « Environnement, modes de coordination et système de légitimité : analyse de la catégorie de patrimoine naturel », in *Revue économique*, n° 2, 1990, p. 215-242.

Gomez, P. Y., *Qualité et théorie des conventions*, Paris, L'Harmattan, 1994.

Grin, J., van de Graaf, H., Hoppe, R., *Technology Assessment through Interaction – A guide*, The Hague, Rathenau Instituut, 1997.

Guyader, A., « La superposition des plans environnementaux garantit-elle une gestion intégrée de la politique environnementale d'une commune ? », Mémoire de DEA, Université de Liège, 2004.

Hatchuel, A., « Coopération et conception collective – Variété et crises des rapports de prescription », in G. de Terssac et E. Friedberg (dir.), *Coopération et conception*, Octares, 1996, p. 101-121.

Jeantet, A., « Les objets intermédiaires dans la conception. Éléments pour une sociologie des processus de conception », in *Sociologie du Travail*, n° 3, 1998, p. 291-316.

Latour, B., *La clé de Berlin*, Paris, La découverte, 1993.

Mougenot, C., Melin, E., « Entre science et action, le concept de réseau écologique », in *Natures Sciences Sociétés*, n° 3, 2000, p. 20-30.

Mougenot, C., *Prendre soin de la nature ordinaire*, Paris, Maison des Sciences de l'Homme et INRA-Éditions, 2003.

Nonaka, I., Toyama, R., « The knowledge-creating theory revisited : knowledge creation as a synthesizing process », in *Knowledge Management Research & Practice*, n° 1, 2003, p. 2-10.

Stassart, P., Jamart, D., « Équiper des filières durables ? L'élevage Bio en Belgique », in *Natures Sciences et Sociétés*, n° 4, 2005, p. 413-420.

Thompson, P. B., « The varieties of sustainability in livestock farming ». In J. T. Sorosen (dir.), *Livestock farming systems – More than food production*, Wageningen, Wageningen Pers, 1997.

Vinck, D., « Les objets intermédiaires dans les réseaux de coopération scientifique », in *Revue française de sociologie*, n° 2, 1999, p. 385-414.

TROISIÈME PARTIE

ACTIONS COLLECTIVES ET OBJETS INTERMÉDIAIRES

La carte comme schéma prospectif négocié

Marc MORMONT

*Professeur au département des sciences et gestion
de l'environnement, Université de Liège*

Ce second texte montre comment s'opère la reconfiguration d'un objet complexe – un site protégé mais utilisé – à travers une action qui mobilise un instrument. Un site est un objet complexe parce que, utilisé par différents acteurs, les propriétés – sociales, économiques, écologiques – de ce site sont en partie au moins le résultat des interactions entre les utilisateurs. La coordination entre ces activités est donc cruciale et elle ne s'opère pas toujours spontanément. Un site protégé est précisément un site sur lequel des contraintes légales sont imposées de manière à interdire certains usages qui porteraient atteinte aux qualités attendues de ce site. Mais quand la mesure de protection ne suffit pas à garantir son intégrité, c'est à un nouvel aménagement qu'il faut recourir. Il s'agit alors d'une véritable reconfiguration des relations entre les acteurs, et entre ceux-ci et le territoire. Reconfiguration signifie ici passage d'un système à un autre, ce qui implique une redéfinition des entités et de leurs relations. Nous montrons comment un objet intermédiaire rend possible une telle reconfiguration parce qu'il permet d'intégrer une série de négociations partielles et de produire une image globale du site.

Une protection à l'efficacité limitée

Le site de Frahan est un fond de vallée pittoresque. C'est une colline entourée par la boucle qu'effectue une rivière très encaissée dans le plateau ardennais. Ce site fait l'objet d'un arrêté de protection qui a été pris dans les années 1970 sous la pression des associations de défense de l'environnement et à la suite d'un long conflit qui les a opposées aux autorités locales et aux propriétaires des campings populaires installés sur les berges de la rivière. Cet arrêté de protection a été pris au nom de la protection des Monuments et Sites. C'est une forme de protection assez rare et très contraignante. En effet tout projet de construction ou d'aménagement devra faire l'objet d'une autorisation explicite d'une Commission des Monuments et Sites qui défend d'autant plus rigoureusement les sites qui relèvent de sa compétence que ceux-ci sont peu nombreux. Cet arrêté interdit donc pratiquement tout changement d'usage et d'affectation, au grand dam des propriétaires et collectivités locales. Comme cet arrêté a été pris à la suite d'un long et dur conflit, l'antagonisme entre les acteurs concernés perdure avec le temps et se réactive chaque fois qu'une rumeur de projet laisse entrevoir une atteinte possible à l'intégrité du site.

Mais une mesure juridique de protection du paysage ne suffit pas à garantir cette intégrité. Ce petit territoire évolue en effet dans le sens de ce que les environnementalistes et défenseurs du paysage considèrent comme une dégradation écologique. Les prairies du fond de vallée sont en effet en partie inondables et peu productives. L'agriculture de la région est en déclin et nombre des prairies sont abandonnées, elles sont reboisées par les propriétaires : la loi permet en effet d'y planter des sapins de Noël, ce qui est une activité agricole et non forestière. Mais ces plantations sont rarement exploitées et l'autorité compétente n'intervient pas. Ce reboisement spontané comporte pas mal d'inconvénients écologiques : la fermeture du paysage annule l'attrait visuel et touristique du site, les plantations serrées de résineux sont réputées acidifier les sols, elles créent de l'ombre sur la rivière et diminuent sa qualité piscicole, enfin elles n'ont aucun intérêt en termes de faune et de flore.

Autant que cette dégradation du milieu, les insatisfactions locales incitent à une action d'aménagement hors de portée de l'instance de contrôle. C'est que ce site – qui comprend d'ailleurs un petit village très connu – comporte des potentialités touristiques évidentes, et le tourisme est une activité économique importante de la région. Le site comporte donc un attrait évident, mais qu'il s'agisse de projet d'hôtel, de village de vacances ou plus simplement de simples résidences secondaires ou même d'aménagement du village, toute initiative est pratiquement interdite par cette mesure de classement. Tout aménagement devrait traiter en même temps des usages touristiques, des pratiques agricoles, de l'habitat (un village existe dans ce site), de la forêt et de la circulation. Cette forte hétérogénéité des usages et des intérêts rend chaque acteur très méfiant, et chacun dispose de circuits politico-administratifs pour se protéger et pour protéger ses droits de propriété.

Un acteur individuel mobilisant divers instruments collectifs

C'est donc cette urgence localement diffuse, partagée pour des raisons très différentes par de multiples acteurs, qui va pousser un acteur à entreprendre. Il s'agit ici d'une agence régionale (le service de remembrement agricole) qui dispose de moyens juridiques d'intervenir dans les restructurations foncières et qui, son marché déclinant, cherche à se reconvertir dans la confection de plans locaux de développement. L'occasion est fournie par un programme régional : en charge de réaliser un plan de développement rural local pour la commune à laquelle appartient le site, cette agence va mobiliser une série d'instruments pour proposer un réaménagement du site en question.

D'une part, le plan de développement rural est une opération soutenue par la Région et qui permet, par une large concertation avec la population, de proposer des actions de développement et d'aménagement local. Ce programme permet aussi de financer des études et un travail d'animation locale, ou de concertation entre acteurs locaux. D'autre part, il existe aussi un projet Life (programme européen) qui permet de financer des actions de restauration écologique qui sont menées en partenariat entre des collectivités locales et des associations ou institutions de conservation de la nature. Potentiellement ce programme européen met donc à disposition des moyens financiers.

Pour cette agence – qui n'est pas la seule sur ce marché des 'plans locaux de développement rural', une telle opération est stratégique : si un échec ne lui serait pas fatal, au contraire une réussite aurait un caractère exemplaire et conforterait sa place sur l'échiquier des opérateurs de développement rural. Intéressés à la réussite sans être menacés par l'échec, ils peuvent donc entreprendre. Cette position de tiers, de tiers intéressé à entreprendre, nous paraît cruciale dans l'initiation de l'action. Car c'est cette (dis)position qui permet de constituer un *auteur* de l'action intermédiaire. Nous dirions volontiers que l'auteur intermédiaire, à la fois dégagé des enjeux de la situation, mais engagé par ailleurs dans une épreuve qui a sens dans un autre espace, est une condition favorable à une entreprise de médiation.

L'initiation de l'action est un événement. Elle introduit dans la situation un fait nouveau, elle fait une ponctuation, ouvre une page blanche et esquisse un concept susceptible de mettre les acteurs en action. Dans le cas de Frahan, le programme européen Life (auquel adhèrent les communes) est précisément un programme qui décline le concept de développement intégré et l'association des communes à la gestion de l'environnement, mais il confie l'élaboration du projet à cette agence de remembrement qui dispose d'une procédure et d'une expertise certaine de négociation entre propriétaires fonciers. Le concept de développement rural intégré est flou, ambigu, mais il dessine un champ d'action où différents acteurs (communes, acteurs du tourisme, naturalistes) peuvent trouver un écho à leurs revendications souvent contradictoires.

Ces concepts (qui sont à la fois des images et des procédures) sont les premiers intermédiaires, ce sont sans doute plus des référentiels symboliques que des objets frontières ou des objets médiateurs. On appellerait référentiel[1] symbolique des entités idéelles ou procédurales qui permettent de penser/rêver un univers de conciliation des contraires. Dans des situations conflictuelles ou des projets relevant d'exigences contradictoires, de telles entités se prêtent à toutes les ironies et toutes les incrédulités, mais elles peuvent acquérir une certaine force si elles font événement et si elles réussissent à se faire action et non seulement concept.

Il y a événement précisément parce que concept et procédures, portés par des acteurs extérieurs mais reliés, introduisent un fait nouveau et un nouveau champ d'action. L'événement existe s'il est possible de marquer la différence que le référentiel fait avec des expériences vécues. Ces concepts et procédures peuvent être vus comme des concepts d'action intermédiaire (Hubert et Teulier, dans ce volume), mais il nous paraît important d'insister que ces concepts n'ont pas d'efficacité à eux seuls, c'est seulement par leur *performance* qu'ils valent. Nous allons donc examiner maintenant comment ces premiers intermédiaires vont se mettre en action *(performer) et comment les modalités de cette perfor-*

---

[1] La notion de référentiel est empruntée à la science politique (Jobert et Muller) : elle désigne chez eux l'articulation de normes, croyances et connaissances issues d'exigences différentes dans un modèle qui les concilie.

mance définissent le contenu et la forme des intermédiaires suivants, des objets médiateurs.

La mise en action des concepts/procédures de départ suppose une opération qu'on pourrait qualifier comme ouverture d'une parenthèse dans laquelle on va se mettre à écrire ou ouverture d'un espace dans lequel on va discuter en laissant la possibilité aux partenaires de refermer la parenthèse ou de clore la discussion. Cette opération est à la charge du tiers intervenant qui peut le faire parce que précisément il n'est pas engagé et qu'il prend en charge cette étape cruciale. Il peut pour cela s'appuyer à la fois sur une légitimité reconnue, celle d'une agence qui est familière aux acteurs[2]. Si on parle de performance en ce cas, c'est que cet acteur doit réellement créer des situations nouvelles, des interactions avec les acteurs qui vont marquer cette différence et créer du nouveau.

Une négociation distribuée

Dans notre cas, l'agent du service du remembrement agricole va procéder de la manière dont il procède habituellement pour mener des opérations de remembrement. On va y revenir dans le détail, mais notons dès maintenant qu'il procède par une suite d'interactions individuelles avec chacun des acteurs concernés, avec chacun des propriétaires et usagers du site. L'acteur se comporte comme un auteur de projet qui sait qu'il ne peut élaborer celui-ci qu'en obtenant des concessions de la part de chacune des parties, mais il choisit de négocier avec chacune d'elles séparément afin de tester progressivement un « concept » qui pourrait satisfaire les exigences contradictoires. Il procède par composition de négociations séparées.

L'utilisation de la procédure du remembrement offre deux atouts précieux à l'agent qui monte l'opération. Le premier avantage est substantiel, car c'est pratiquement la seule procédure (sauf l'expropriation pour cause d'utilité publique) qui permet d'agir sur le foncier, d'agir sur les droits de propriété, de même qu'elle permet de financer des travaux d'aménagement comme des routes et des chemins. Le second avantage est procédural car le remembrement, précisément parce qu'il touche à ces droits, est une procédure très codifiée qui autorise l'agence à entamer toute une série d'études et de négociations puis l'oblige à consulter les parties concernées sur le résultat final. La procédure fait de l'agent

---

[2] La légitimité en question peut avoir des sources diverses. En l'occurrence cette agence de remembrement dispose d'une légitimité même auprès des acteurs écologistes depuis qu'elle a accepté d'inclure dans les projets de remembrement agricole une prise en compte active de la conservation de la nature.

de remembrement un acteur autonome et obligé pour tous les propriétaires et même pour les autorités publiques.

Cette procédure implique donc une série de négociations séparées dans chacune desquelles l'auteur de projet formule un micro-scénario spécifique à son interlocuteur. Il s'agit d'examiner pour chacun ses exigences et ses priorités et de proposer un scénario partiel adapté aux besoins de chaque utilisateur de l'espace. S'agissant d'un site rural où propriétaires forestiers, exploitants agricoles, collectivités locales et administrations (de l'équipement, des forêts) mais aussi associations naturalistes défendent des droits de propriété[3], c'est, comme dans un remembrement agricole, une négociation qui porte sur des échanges de droits et des échanges de terres, bref sur une nouvelle distribution des usages possibles du territoire. Dans le cas d'un remembrement agricole, le défi est de faire en sorte que chacun des exploitants et propriétaires ne perde rien en termes de ressources foncières (quantité et qualité des terres), que chacun bénéficie d'un avantage (dû au regroupement des parcelles) et enfin que les bénéfices soient équitablement répartis (soit que certains ne gagnent pas beaucoup plus que d'autres). Dans le cas présent la situation est plus complexe, car non seulement les intérêts sont hétérogènes (comment comparer un gain en matière de conservation avec un gain en matière de fertilité du sol), mais surtout les gains ou les pertes sont interdépendants : si des possibilités de développement touristique dont données à un acteur, la fréquentation touristique peut avoir des effets sur les zones protégées. Dès lors les acteurs sont non seulement attentifs à leurs intérêts immédiats, mais aussi aux pratiques possibles que les autres pourraient développer : c'est d'interdépendances futures qu'il s'agit et c'est à partir d'elles que se construit l'évaluation. Ce sont bien ces anticipations croisées qui sont au principe du blocage observé au départ de l'action, et ce sont donc ces anticipations qu'il faut contrôler dans l'élaboration du projet.

Le droit du remembrement formalise juridiquement la possibilité d'échange de propriétés foncières. L'auteur va pouvoir proposer aux propriétaires des prairies reboisées situées dans le site un échange avec des parcelles de bois communaux. Cet atout majeur va lui permettre de proposer les parcelles forestières à des agriculteurs comme futures prairies ou comme zone de réserve naturelle aux naturalistes. Quant au

---

[3] La mesure de classement du site constitue en même temps une restriction aux droits normaux des propriétaires privés et un transfert de ces droits à une autorité publique : le poids politique des associations environnementales ou de protection du patrimoine leur confère implicitement ces droits de propriété puisque leurs protestations publiques à l'encontre d'un projet ont toutes chances d'être entendues par la Commission des Monuments et Sites.

déboisement de ces parcelles, c'est grâce au financement du projet Life qu'il compte l'opérer par la suite. Aux agriculteurs, il peut en outre proposer des primes agri-environnementales s'ils acceptent de les gérer en prairies permanentes extensives, ce qui est aussi de nature à satisfaire la conservation de la nature. Et cette reconversion de terres plantées de résineux est un atout majeur pour une réouverture du paysage qui est le souci principal de la Commission des Sites. Des négociations similaires ont lieu avec l'administration forestière qui gère les bois qui resteront dans le site (la colline) et avec les collectivités locales qui souhaitent un accès au tourisme.

Le dispositif du remembrement autorise aussi l'auteur de projet à mener des études tant naturalistes que pédologiques et agronomiques pour évaluer la qualité des espaces. Il va donc se doter d'une série de connaissances supplémentaires de manière à élaborer ses choix. Il situera par exemple les qualités faunistiques de certains espaces et en tiendra compte pour localiser les chemins agricoles et les sentiers touristiques. Il négociera aussi avec les habitants du village pour localiser une zone de parcage des voitures pour les visiteurs, mais en tenant compte de l'impact visuel ou paysager.

Dans cette dynamique de négociations séparées, chaque acteur reçoit et donne une information partielle, chaque partenaire anticipe une nouvelle stratégie d'utilisation du territoire (l'agriculteur envisage par exemple de transformer sa ferme en ferme pédagogique et relais équestre). On a donc ici une action collective originale qui se présente comme un exercice de recomposition et de redistribution des pratiques et des droits de différents partenaires, mais le travail est mené par un acteur unique, un coordinateur qui développe progressivement un scénario très concret. La performance consiste ici, on le comprend, essentiellement à mener ces négociations de manière progressive, à procéder à des ajustements successifs, à évaluer la compatibilité des scénarios. À chaque progrès de l'action, l'agent du remembrement conforte une négociation en se basant sur les autres. C'est un processus itératif et cumulatif dont l'agent de remembrement est le centre, et lui seul détient l'ensemble des connaissances partielles qu'il collecte au fur et à mesure des négociations qu'il mène avec chacun.

Dans ce processus de négociations partielles, l'acteur réussit en fait à individualiser les négociations de manière à concevoir avec chaque acteur une nouvelle relation spécifique au site : pour certains, c'est leur départ via un échange de terrains qui est la solution, mais pour les deux ou trois agriculteurs présents, c'est une redéfinition de leur exploitation qui est en cause. L'un d'entre eux envisage notamment depuis longtemps de développer l'accueil à la ferme sur la base de tourisme équestre : le projet d'aménagement va inclure des sentiers qui se prêtent au tourisme équestre. Les études écologiques ayant indiqué l'importance du site pour l'avifaune, il peut prévoir des zones de réserves naturelles, et les sentiers seront tracés de manière à éviter que les passants ne perturbent les oiseaux. La forêt qui couvre la colline est une forêt communale qui doit rester accessible pour une exploitation occasionnelle, et ceci est compatible avec un accès à une partie du site dont les études ont révélé que c'est un affleurement rocheux très rare en Europe et qui donne au site un attrait supplémentaire. De même il faut prévoir un accès aux berges pour les pêcheurs, et ceci est rendu possible par les travaux de voirie que l'opération de remembrement peut financer.

Le travail du concepteur du projet inclut donc toute une série de modifications, de réaménagements qui, pris séparément, auraient sans doute provoqué des réactions négatives de certains autres acteurs : tout aménagement à des fins touristiques aurait sans doute été considéré par les environnementalistes comme le cheval de Troie de l'« exploitation » du site, tandis qu'un projet de réserve naturelle aurait été sans doute reçu comme une agression de plus par les agriculteurs ou les pêcheurs.

Toute cette opération se fait dans le secret. La procédure du remembrement permet en effet à l'agent de remembrement d'élaborer son plan sans en référer à quiconque, et ce travail s'étale sur plusieurs mois voire plusieurs années selon la dimension de l'opération. C'est seulement quand l'agent estime être parvenu à une solution satisfaisante qu'il doit mettre en discussion, pour approbation, une version schématique de son projet et ce, avec tous les propriétaires concernés.

La médiation de l'objet

Le résultat de ces négociations multiples va donc se traduire dans un document soumis à discussion publique. Ce n'est pas un plan détaillé, c'est au contraire un document très simple, à savoir un plan (du format A4) schématique du site et une liste de travaux à effectuer (voiries essentiellement mais aussi reconversion des plantations de résineux en prairies, définition des limites de réserves naturelles) : ce document est l'intermédiaire qui traduit dans un document cartographique une idée, un « concept » de ce que sera le site au terme de l'opération. Il est entendu que chaque propriétaire peut très bien situer dans ce plan son propre projet, ses propres usages, bref sa propre place. Mais le schéma cartographique et la liste des travaux font passer à une autre échelle celle du site dans son ensemble : plus exactement le document intègre à l'échelle du site des projets qui ont été négociés à l'échelle individuelle des « exploitations » diverses sur site.

Le concept de développement intégré s'est transformé en un document très simple, mais qui semble devoir suffire aux différents acteurs pour évaluer le réalisme des anticipations individuelles qui se sont élaborées au cours des négociations. Ce document cumule, sans les révéler, à la fois les différentes stratégies des partenaires et les différentes connaissances mobilisées (agronomiques, écologiques, etc.). Cet objet intermédiaire est donc une sorte de plan de convergence de différents programmes individuels d'action qui ont chacun leurs priorités, leurs logiques, ainsi que leur base de connaissance propre. Cet objet intermédiaire réalise ainsi une énorme économie à la fois politique et cognitive : il dispense les acteurs de tout savoir des autres, et chacun peut le voir et l'examiner en ce qui le concerne. Il donne évidemment aussi à voir une partie des stratégies des autres, mais de manière limitée, sommaire, juste assez peut-être pour que chacun puisse évaluer les conséquences des activités des autres pour ce qui le concerne.

Il faut insister sur l'économie que représente cet objet intermédiaire : une stratégie de gestion concertée à travers un forum local aurait supposé de mettre en commun l'ensemble des connaissances mobilisées. Il aurait par exemple fallu soumettre à tous les évaluations écologiques du site et cela aurait sans doute provoqué des polémiques si les agriculteurs y avaient vu la possibilité de nouvelles contraintes sur leurs activités. Il aurait fallu également mettre au jour tous les dispositifs normatifs mobilisés[4] et s'exposer à des critiques quant aux avantages que certains propriétaires peuvent retirer d'un échange de terrains. La carte inclut toutes ces normes, ces connaissances et ces négociations, mais elle les maintient en même temps dans l'ombre, n'en révélant que les conclusions pour autant que celles-ci comptent pour les autres. Le fait de faire figurer dans ce document public la liste des travaux, tout spécialement les chemins, illustre bien le fait que ce qui compte dans ce document, ce sont les possibilités ou les opportunités qui sont créées pour chacun des usagers.

L'objet intermédiaire a ainsi opéré une réduction, au moins provisoire, du site à la somme des projets et des opportunités qu'il représente pour chacun des participants. La carte donne à voir les possibilités de chacun et sanctionne les négociations individuelles. Elle n'explicite pas de critères d'équité, mais elle dit implicitement que tous les participants ont des chances équivalentes de voir leurs projets aboutir. Enfin elle figure aussi implicitement les impacts que les projets des uns peuvent avoir sur ceux des autres : elle permet de voir comment les pêcheurs auront accès à la rivière sans empiéter sur les prairies, comment les

---

[4]   Les dispositions légales du remembrement, qui permettent ces échanges de propriétés, constituent bien un dispositif normatif spécifique.

cavaliers pourront circuler sans déranger les oiseaux de la réserve, comment les autocars pourront se garer près du village sans « défigurer » le paysage.

L'objet intermédiaire qui résulte donc de tout ce processus est à la fois un objet qui cache et un objet qui donne à voir : il donne surtout à voir les possibilités d'agir que chacun aura et les relations entre les actions ; il maintient dans l'ombre les connaissances spécifiques à chacun, voire les objectifs qui sont poursuivis. Comme tel, cet objet intermédiaire réalise une coordination : il permet à chacun d'anticiper les conséquences des activités les unes sur les autres.

Ce que *performe* ici l'acteur, c'est une capacité à recombiner des stratégies et des pratiques hétérogènes, et cette performance repose à la fois sur une compétence de négociation et sur des ressources institutionnelles, à savoir les moyens d'organiser des échanges fonciers et de réaliser certains équipements collectifs (chemins, routes, parkings, plantations paysagères).

Nous avons donc affaire à une action collective d'un type particulier avec un acteur central qui procède à des négociations distribuées et qui ajuste, qui procède à des collectes d'information et qui les articule. L'objet intermédiaire produit est alors très spécifique : c'est un document simple, un schéma technique qui objective les négociations et les connaissances. Cet objet tient s'il satisfait chaque partenaire. On pourrait le qualifier d'objet qui facilite le compromis « en limitant la prolifération des interactions simultanées de tous avec tous, rendant possibles des interactions locales cadrées » (Latour 1994). Cette limitation est un atout de simplification qui est en affinité avec la compétence d'assemblage de celui qui mène séparément chaque négociation.

Un détail qui suscite le conflit

Mais la procédure très formalisée du remembrement impose aussi une discussion publique sur ce schéma et l'accord d'une solide majorité des partenaires pour procéder à la mise en œuvre. C'est évidemment ici que s'ouvre l'espace où peuvent se confronter les anticipations des uns et des autres.

Lors de la présentation publique, la contestation va émerger quand des associations environnementales vont émettre des objections à un des travaux proposés, la réalisation du chemin forestier qui grimpe la colline : selon eux le gabarit du chemin est trop important et ne se justifie pas. Il ne s'agit pas pour eux d'un impact paysager, ni d'une emprise trop grande sur la nature. Ce n'est pas le chemin qui leur déplaît, c'est ce qu'il permettrait du fait de son dimensionnement. C'est donc une anticipation qui les conduit à cette critique : ils voient dans la largeur du chemin une menace, la possibilité d'ouvrir le site à la circulation des véhicules tous terrains et donc à une invasion d'une forme de loisir antinomique à la quiétude écologique.

Cette critique, ce refus d'accepter le projet va susciter une polémique assez longue qui ne se limitera pas au plan local. À la volonté des autorités locales de faire approuver le plan, ils opposeront une action jusqu'au niveau de l'administration européenne. Celle-ci menacera de priver le projet des fonds du programme Life.

Le projet qui avait été longuement conçu à travers de multiples négociations partielles est maintenant menacé par une critique qui pourrait sembler de détail. C'est donc cet objet, en tant que synthèse de tous les projets individuels coordonnés, qui n'a pas réussi une partie de son ambition. Ainsi, les opposants environnementalistes n'ont peut-être pas été bien pris en compte parce qu'ils ne sont pas des propriétaires de terrains sur le site. Or la procédure du remembrement confronte et réorganise avant tout des droits de propriété. Ils n'ont sans doute pas été consultés suffisamment pour que soient prises en compte leurs exigences. Mais en même temps cet échec dans la délibération collective se produit précisément à partir d'acteurs qui portent non pas un usage et des droits directs, mais bien une visée globale sur le site en tant que site écologique. Au contraire des naturalistes qui se centrent sur les seuls sites protégés, au contraire des agriculteurs axés sur leurs terres et sur l'accès aux prairies, les environnementalistes militants se préoccupent du devenir à terme de l'ensemble du site. Ils se situent en fait à une échelle de temps plus longue et à l'échelle spatiale du site tout entier. Ces deux perspectives sont mal « traduites » par le schéma cartographique et la liste des travaux. En particulier la fréquentation touristique future du site est bien prise en compte par le réseau de sentiers pédestres et équestres, mais le chemin forestier qui doit donner accès à des engins crée une ambiguïté qui ne pourra être levée que par des dispositions qui débordent du schéma cartographique. Il faudra non seulement revoir le gabarit du chemin, mais aussi adopter des réglementations qui sanctionnent la « vocation » du site comme un site naturel ouvert à un tourisme « doux » exclusivement.

Cette phase conflictuelle montre bien que ce qui est en jeu dans cette représentation intermédiaire que procure la carte, ce sont des usages potentiels, et ce que la délibération collective fait se croiser, ce sont des anticipations du devenir du site. De plus, ce que fait la carte, par le changement d'échelle qu'elle suscite, c'est de mettre à jour non seulement les anticipations individuelles des activités de chacun, mais aussi elle fait surgir des anticipations sur l'ensemble du site, sur ce qu'on pourrait appeler en langage systémique les propriétés émergentes de l'interaction future des diverses activités. Il lui manque donc une image globalisante que les négociations individuelles ne peuvent fournir. Le schéma cartographique réussit à coordonner les usages futurs, mais il ne réussit pas à créer une référence légitime et donc partagée du site et de sa gestion future.

Un site reconfiguré

Un deuxième acteur s'inscrira aussi en opposition au projet, bien qu'il ait été consulté dans le cours de la négociation. Les pêcheurs pour qui on a prévu des accès à la rivière – peut-être parce qu'ils se rendent alors compte qu'ils pouvaient demander plus – remettent sur la table une revendication non satisfaite. Elle concerne un bras mort de la rivière. Au contraire des environnementalistes qui contestent au nom d'une visée d'ensemble, c'est ici un détail qui intéresse les pêcheurs. Car ce bras mort, plutôt qu'une eau stagnante et menacée d'eutrophisation, pourrait constituer un bon site de frai pour les poissons. Il suffirait pour cela de (re)creuser un petit canal vers la rivière, de manière à rétablir le courant, et ainsi constituer à la fois un refuge et un site de reproduction.

La discussion s'entamera sur le terrain entre ingénieurs hydrauliques, pêcheurs et aménageur. La remise en eau de ce bras abandonné par la rivière serait encore plus efficace pour la reproduction des poissons si on créait une zone humide dans la zone agricole proche : cette zone humide intéresserait aussi les naturalistes qui proposent un schéma de restauration en forme de prairie inondable. L'agriculteur riverain accepte d'entretenir cette prairie où il pourra faire paître ses chevaux quelques semaines en été.

Ce prolongement inattendu du processus révèle en même temps le contenu de toutes ces négociations. Elles ne sont pas seulement un ajustement entre des usages via des arrangements particuliers qui ont été patiemment négociés un à un par l'agent de remembrement.

Les contestations ont en fait émergé de deux manières : d'une part, d'acteurs qui portent une représentation du site qui est plus que la somme coordonnée des usages individuels rendus compatibles par l'aménagement, d'autre part, d'acteurs qui portent des intérêts spécifiques pour un usage et un micro-site très spécifique. Mais dans les deux cas, c'est une véritable reconfiguration du site qui s'est opérée. Parler de reconfiguration, c'est insister sur le fait que ce processus instaure en fait une nouvelle dynamique de relations entre les acteurs et entre les usages. Là où, sous l'égide d'une protection « monumentaliste », rien ne pouvait se faire mais où au contraire les usages réels tendaient à contredire plus ou moins ouvertement la norme, là où les usages et les projets entraient en conflit et étaient en compétition pour l'appropriation du sol, tout a changé. D'un côté, les usages ont été rendus compatibles parce que certains usages (et usagers) ont été transformés dans leurs identités mêmes (l'agriculteur exploitant des prairies marginales est devenu un entrepreneur d'agri-tourisme utilisant un site naturel) et d'un autre côté, le site lui-même est transformé, reconfiguré dans son ensemble : il est devenu un objet collectif, représenté par un schéma qui a valeur de prospective pour son devenir et doté de règles d'usage qui sont en partie matérialisées dans des chemins, des largeurs de route, des localisations, dans un canal qui transforme un bras mort en frayère ; cette traduction se trouve aussi en partie dans des dispositifs normatifs comme les mesures agri-environnementales ou les normes de circulation ou d'urbanisme.

Le réaménagement de ce site à travers le processus décrit tire son originalité de ce que la seule protection juridique (par un classement assorti d'interdictions pratiques) ne suffisait pas à garantir le maintien des qualités écologiques visées par la mesure de protection. Des processus plus ou moins spontanés entraînaient une dégradation progressive qui ne satisfaisait ni les protecteurs de la nature et du paysage, ni les promoteurs d'un développement touristique. Cette situation frustrante pour tous n'ouvre pas pour autant une possibilité de négociation, car toute tentative d'action de l'un ou l'autre acteur est perçue comme une menace, car porteuse d'un déséquilibre accru entre préservation de l'environnement et développement économique.

L'action entreprise par une agence de développement s'appuie d'abord sur la mobilisation de différents outils d'intervention hétérogènes et en apparence contradictoires. Si le projet Life a bien pour objectif de faire de la restauration écologique, le plan de développement local vise bien le développement économique et le remembrement est bien une procédure conçue pour une amélioration productiviste des structures agricoles. Mais chacun de ces outils procure des ressources, et l'agent de développement va mobiliser ces différents outils dans une perspective floue de développement rural intégré qui prétend pouvoir concilier les intérêts contradictoires en présence.

L'articulation de ces différents outils n'est possible qu'à travers une action. Cette action va se développer non sous la forme d'un forum de négociation qui aurait « mis à plat » les différents intérêts en présence, mais au contraire à travers une négociation distribuée : chaque acteur concerné est engagé dans un processus de discussion sur son avenir et sur ses exigences particulières. Certains acteurs sont « évacués » (les propriétaires forestiers), d'autres sont recadrés (de l'agriculture à l'agritourisme), d'autres sont introduits (les oiseaux ou le site « géologique ») en examinant pour chacun les exigences de son existence future. Mais ces négociations partielles doivent former un tout, car il s'agit que leur coexistence soit possible et acceptable. C'est ici que la carte du site et la liste des travaux à effectuer jouent pleinement leur rôle : ils permettent à la fois d'intégrer les activités hétérogènes (de les rendre compatibles) et de représenter l'ensemble, sans pour autant forcer chacun à entrer dans le détail des raisons et de ses connaissances propres. Il permet finalement à chaque acteur des anticipations suffisantes.

Le schéma cartographique n'est pas seulement un puissant outil d'intégration (ou coordination) et de représentation. Il est aussi ce qui permet de passer de l'échelle propre aux projets de chaque acteur (seule la rivière et les berges intéressent les pêcheurs) à l'échelle du site dans son ensemble, mais en retour il permet à chacun de passer de l'échelle du site à celle de son activité propre. La renégociation autour du bras mort illustre bien le bouclage qui s'opère : de la vision nouvelle du site, les pêcheurs tirent une nouvelle opportunité qui ouvre une nouvelle négociation très localisée sur une partie du territoire. Ainsi se produit une reconfiguration progressive du site.

On voit bien alors se dégager une dynamique d'action collective qui est permise par la médiation de la carte. La pratique – induite par la procédure du remembrement agricole – de négociations partielles, individuelles semble en contradiction avec l'idée d'une action collective au sens d'une mobilisation d'acteurs qui partagent des intérêts ou des préoccupations communes. Dans un contexte de tensions et de méfiances quant aux intentions d'autrui, cette conception de l'action collective est hors de question[5]. Dès lors la carte va servir d'objet intermédiaire dans un double sens : elle va permettre, dans le cours de sa construction, de dégager progressivement les points de convergence entre des projets individuels qui sont modifiés par la négociation individuelle. Le résultat global n'émergera ainsi que progressivement ; sa valeur tient au fait qu'il redistribue les rôles dans un schéma par rapport auquel chacun peut se situer, redéfinir sa place et envisager son avenir en relation avec les autres. En d'autres termes, le passage d'un état à un autre, d'un système à un autre, se fait par une intégration progressive d'où émergent à la fois des redéfinitions de projets individuels et un projet collectif. Celui-ci n'apparaîtra que comme fin du processus. Et si la délibération collective suscite un nouveau conflit, faute d'avoir pris en compte

---

[5] Elle n'est évidemment pas impossible, mais elle supposerait une autre procédure, par exemple de construction de scénarios prospectifs susceptibles de modifier les points de vue de chacun des acteurs. Mais un mode d'action comme celui-là suppose lui-même des relations de confiance suffisantes pour qu'une prospective collective soit possible.

certaines préoccupations, elle suscite aussi de nouvelles négociations qui s'avèrent productives de nouveaux arrangements qui renforcent la conception du site comme bien collectif.

Bibliographie

Blanco, E., « Les brouillons. Révélateurs et médiateurs de la conception », in Vinck, D. (dir.), *Ingénieurs au quotidien. Ethnographie de l'activité de conception et d'innovation*, Grenoble, Presses universitaires de Grenoble, 1999, p. 181-201.

Bovy, M., Vinck D., « Complexité sociale et rôle de l'objet. L'installation de conteneurs de déchets ménagers », in Vinck, D., (dir.), *Ingénieurs au quotidien. Ethnographie de l'activité de conception et d'innovation*, Grenoble, Presses universitaires de Grenoble, 1999, p. 55-74.

Callon, M., « Technico-Economic Networks and Irreversibility », in Law J., (dir.), *A Sociology of Monsters. Essays on Power, Technology and Domination*, Londres, Routledge & Kegan, 1991, p. 132-165.

Jeantet, A., « Les objets intermédiaires dans les processus de conception des produits », in *Sociologie du travail*, 1998, p. 291-316.

Latour, B., « Une sociologie sans objet ? Remarques sur l'interobjectivité », in *Sociologie du travail*, n° 36, 1994, p. 587-607.

Mormont, M., « Agriculture et environnement : pour une sociologie des dispositifs », in *Économie Rurale*, n° 236, 1996, p. 28-36.

Mormont, M., « Le dispositif, concept et méthodes de recherches », conférence invitée Séminaire INRA SAD-APT, Paris 29 janvier 2003.

Star, S.-L., « The structure of ill-structured solutions : Heterogeneous problem-solving, boundary objects and distributed artificial intelligence », in M. Huhns et L. Gasser (dir.), *Distributed artificial intelligence*, San Mateo CA, Morgan Kaufman, 1989, p. 37-54.

Vinck, D., « Les objets intermédiaires dans les réseaux de coopération scientifique. Contribution à la prise en compte des objets dans les dynamiques sociales », in *Revue Française de Sociologie*, n° 11, 1999a, p. 385-414.

Vinck, D., *Ingénieurs au quotidien. Ethnographie de l'activité de conception et d'innovation*, Grenoble, Presses universitaires de Grenoble, 1999b.

Les appuis matériels de l'action collective

La construction d'une carte communale des terres d'épandage

Hélène BRIVES

Enseignante-chercheuse à AgroParisTech

L'objectif de ce texte est de donner à voir comment se construisent les possibilités d'existence d'une action collective. L'action collective n'est pas seulement le produit de la volonté et des stratégies de personnes, mais elle est aussi cadrée, guidée et soutenue par des objets (Latour, 1994). En nous appuyant sur une observation de type ethnographique, nous examinons la réaction d'un groupe d'agriculteurs, éleveurs bretons, face au problème de pollution de l'eau qui leur est adressé. Il s'agit de suivre l'histoire de la construction, à l'échelle d'une commune, d'une carte des terres d'épandage pour les effluents d'élevage. Notre compte rendu de cette action collective prend la forme d'un récit qui met en scène et permet de discuter le rôle de la carte d'épandage comme « objet intermédiaire » (Vinck, 1999) en même temps que le rôle du conseiller agricole et du maire, acteurs intermédiaires (Hennion, 1994), qui ensemble construisent l'action collective. Cette recherche a été conduite dans le cadre d'un travail de thèse centré sur l'activité des conseillers de la Chambre d'agriculture dans des dispositifs de prise en charge des problèmes de pollution (Brives, 2001).

Guéhenno est une petite commune de 840 habitants dans un canton classé en zone d'excédents structurels (ZES) par rapport à la réglementation des pollutions agricoles, ce qui signifie que la production d'azote de l'ensemble des animaux présents sur le canton ne peut être résorbée sur les surfaces cantonales[1]. En 1995 démarrent les premières procédures d'intégration au PMPOA (Programme de maîtrise des pollutions

---

[1] La directive nitrates, qui coiffe les réglementations en matière de pollutions agricoles, autorise un maximum de 170 unités d'azote épandues par hectare et par an. Cette norme concerne les effluents animaux et les engrais minéraux.

d'origine agricole[2]) concernant les élevages de plus grande taille. Les exploitants de ces élevages doivent à ce titre présenter un diagnostic d'exploitation (Dexel) comprenant un plan d'épandage. L'élaboration de ce document leur permet de savoir précisément quelle surface leur manque le cas échéant, et leur confère en conséquence une longueur d'avance dans la recherche de terres disponibles pour l'épandage (par achat, location ou contrats de mise à disposition) par rapport aux agriculteurs qui n'ont pas encore forcément une idée claire de leur situation vis-à-vis de la réglementation.

De surcroît, à l'intérieur de la zone en excédents, la commune de Guéhenno est moins excédentaire que ses voisines du canton – 210 unités d'azote par hectare de SAU produites en moyenne sur la commune contre 270 sur les communes environnantes – grâce à la présence d'élevages laitiers qui maintiennent des surfaces en herbe importantes. Certaines pressions commencent donc à se faire sentir sur la commune dont les terres excitent la convoitise. On rapporte au maire d'odieux marchandages (du type « si je peux épandre chez toi, je peux trouver un boulot à ton fils ») et les tractations souterraines se multiplient en vue d'obtenir les précieuses mises à disposition. Les enchères montent : « Il y a de la spéculation parfois » (le maire). Un article de Ouest France décrira plus tard la commune comme « une de ces zones où commençait la foire d'empoigne sur les terres d'épandage[3] ».

À la même époque, la société qui gère la distribution d'eau localement (la Société d'aménagement urbain et rural, la SAUR filiale du groupe Bouygues) propose d'implanter une usine de traitement des lisiers sur une commune voisine.

La Chambre d'agriculture et le Conseil général, pressés de régler ce très encombrant problème de pollution menaçant l'élevage local, sont dans un premier temps favorables à l'implantation d'une telle usine, alors que les détracteurs affirment que ce type de grosse unité de traitement des effluents est progressivement abandonné aux Pays-Bas pour des raisons économiques. Les détracteurs sont nombreux. Des riverains constituent une association de défense contre l'implantation de cette entreprise qu'ils jugent polluante par la concentration des effluents qu'elle doit fatalement provoquer. Des pétitions sont signées, un collectif d'associations est mis en place. La Confédération paysanne et

---

[2] Issu d'un accord de 1993 entre les ministères de l'agriculture et de l'environnement, le PMPOA est un programme d'accompagnement pour aider techniquement et surtout financièrement les agriculteurs à se mettre en conformité avec les réglementations environnementales. Il s'attache en priorité à la mise aux normes des bâtiments d'élevage.

[3] « Guéhenno : l'épandage à la carte », *Ouest France*, 21 juillet 1997.

l'association Eaux et rivières de Bretagne organisent un débat public sur le sujet, objectant que le coût du traitement et ses modalités de financement demeurent inconnues. Qui va payer ? les livreurs d'effluents ? l'ensemble de la profession agricole, donc les petits éleveurs moins polluants comme les plus gros livreurs ? les consommateurs d'eau ? La Confédération paysanne qui milite plutôt pour une limitation de la taille des élevages, met en avant d'autres solutions pour résoudre le problème des effluents en excès. Le traitement industriel des effluents risque au contraire, de son point de vue, de favoriser la concentration des élevages.

L'application de la réglementation environnementale qu'est la directive nitrates et plus précisément la nécessité d'établir un plan d'épandage pour bénéficier des aides du PMPOA conduit non seulement à des ajustements des pratiques individuelles d'épandage, mais aussi à une « reconfiguration » de la situation de l'élevage local (Mormont, dans cet ouvrage). Les mises à disposition de terres pour l'épandage modifient les propriétés de ces terres qui ne sont plus uniquement des surfaces de production agricole, mais ouvrent quasiment des droits à produire pour l'élevage hors-sol. Ces mises à disposition changent du même coup les rapports entre éleveurs localement, sur la commune et les communes voisines, en créant de nouvelles relations de dépendance difficiles à anticiper collectivement vu le caractère secret et individuel des transactions.

Le maire de Guéhenno, éleveur lui-même et adhérent à la Confédération paysanne, craint que les exploitants de petites structures, non encore contraints de se mettre aux normes et par conséquent peu informés de la nouvelle réglementation, risquent de s'engager dans des contrats de mise à disposition qui leur seront préjudiciables à moyen terme.

Le maire, qui ne souhaite pas se retrouver en position d'arbitrer seul cette situation orchestrée par les tractations clandestines et les pressions, choisit de porter le problème des terres d'épandage sur la scène publique locale afin d'impliquer un maximum d'éleveurs. Son idée est de connaître précisément les excédents produits sur la commune afin que leur gestion puisse se faire de manière sinon collective du moins plus transparente. Il est clairement celui qui initie l'action collective.

De la « mutualisation des terres d'épandage » à la réalisation de plans d'épandage individuels

À l'issue d'une réunion de l'association foncière communale (qui gère les chemins d'exploitation devenus propriété collective à la suite d'un remembrement), le maire « crève l'abcès » et parle de ce marché souterrain des terres épandables, interrogeant ses collègues agriculteurs sur leur volonté de mener une « action concertée » (selon ses propres mots). Sa proposition est accueillie favorablement par l'ensemble des agriculteurs présents, quelle que soit leur tendance politique, parce que, lui semble-t-il, les éleveurs vivent mal cette situation où ils doivent gérer seuls et souvent dans l'ombre leurs problèmes d'épandage, dans un contexte où les Bretons, au premier rang desquels les éleveurs de porc, sont montrés du doigt.

Si le maire obtient de ses collègues un accord de principe, c'est parce qu'il a été suffisamment habile pour ne formuler le problème des terres d'épandage ni en termes d'opposition à l'usine de traitement – certains agriculteurs y sont favorables – ni en termes de défense des petits éleveurs qui se font prendre de vitesse dans la chasse aux mises à disposition – de gros éleveurs sont adhérents de l'association foncière communale. Son habileté consiste à formuler le problème comme une question de défense des agriculteurs de la commune, et de tous les agriculteurs de la commune, contre l'agression extérieure que représentent les éleveurs des communes voisines qui viennent épandre, ou qui ont la volonté de venir épandre à Guéhenno. Il fait valoir, de manière implicite, une sorte de priorité qu'auraient les éleveurs de la commune sur les terres communales disponibles. Le projet d'usine est également présenté comme une solution imposée de l'extérieur, extérieur à la profession cette fois, risquant de s'avérer périlleuse puisque le coût et les modalités de financement du traitement demeurent inconnus.

Fort du soutien d'un petit groupe, le maire discute de son projet avec l'animateur du Groupe de vulgarisation agricole (GVA) local, avec lequel il entretient des relations professionnelles et amicales depuis 20 ans et envoie une lettre au président de la Chambre d'agriculture exprimant le projet communal de « mutualisation des terres d'épandage » afin d'obtenir un appui technique du service de développement. La chambre ne donne pas suite à la lettre. « La chambre a eu peur qu'on collectivise » dit le maire.

En revanche, le maire va trouver un allié en la personne de ce conseiller agricole qui continue à réfléchir au projet malgré l'absence de réponse de sa hiérarchie. Le maire ayant longtemps assuré la présidence du GVA, le conseiller et lui ont l'habitude de travailler ensemble et sont tous deux rompus aux méthodes d'animation de groupe selon une répartition des rôles bien huilée. Ce sont de vieux complices du développement agricole qui se retrouvent à cette occasion.

La proposition du conseiller opère néanmoins un sérieux déplacement par rapport à la proposition du maire, formulée en termes d'action « concertée » (sinon en termes de « mutualisation des terres d'épandage »). Il s'agirait en effet d'organiser une formation intitulée « réaliser soi-même son plan d'épandage », formation rodée, dispensée par la chambre en général à destination des agriculteurs qui ont besoin d'établir un plan d'épandage en vue de leur intégration au PMPOA. Le principe d'une telle formation consiste à ce que chaque participant construise son propre plan d'épandage à partir d'une réflexion en groupe et des informations apportées par les conseillers. La dimension collective et communale du projet initial semble donc sensiblement amoindrie dans cette nouvelle façon d'aborder la question des épandages. Cette idée de session de formation collective, susceptible de mobiliser tous les agriculteurs de la commune sur leur plan d'épandage personnel, convient néanmoins au maire : « En faisant soi-même son plan d'épandage, on se sent plus concerné, on ne va pas à la session pour s'accaparer la terre des autres et chacun est libre après la session » (le maire).

Par ailleurs, se pose le problème du financement de cette formation. Ce type de session est habituellement financé sur des crédits mobilisés par l'intermédiaire de la chambre si elle se produit dans le cadre des structures classiques du développement, en l'occurrence le cadre du GVA. Or il est clair pour le conseiller comme pour le maire que si une telle formation est proposée dans le cadre du GVA local, par ailleurs largement moribond, de nombreux agriculteurs ne se sentiront plus concernés et certains membres de l'association foncière qui ont donné un accord de principe risqueraient fort de se rétracter. Si ce projet devenait l'affaire du GVA et de ses habitués, marqué par sa longue histoire locale, il ne pourrait plus être l'affaire de tous les agriculteurs de la commune sans exclusion, ainsi que le souhaite le maire. « Le fait que l'opération se fasse au niveau communal permet que personne ne soit écarté » (le maire).

Par son caractère physique, spatial, qui le pose comme une évidence indiscutable, le cadre communal permet de rassembler tous les exploitants sans qu'ils aient à justifier de leur engagement autrement que par le fait de faire partie de la commune, sans avoir à partager de point de vue politique ou à appartenir à une quelconque organisation. Au départ, le maire construit le caractère collectif de l'action sur le territoire partagé qu'est la commune. Ce territoire permet en effet de mettre en suspens les dissensions politiques et les rivalités entre « petits et gros éleveurs ».

Le territoire communal permet également de mettre en suspens les différends entre agriculteurs partie prenante du GVA local et ceux qui restent très critiques à l'égard du système d'encadrement lié à la Chambre d'agriculture. Cette invisibilité temporaire de l'institution chambre est un tour de force dans la mesure où la structure du GVA est choisie pour fournir les moyens concrets de l'action collective et son animateur est le conseiller agricole. La solution trouvée est la suivante : avec l'accord de son chef de service, (la chambre étant à présent rassurée de la tournure plus habituelle que prend le projet s'acheminant vers une session de formation classique), le conseiller obtient les crédits en impliquant formellement le GVA, mais ce montage restera invisible aux agriculteurs de Guéhenno. La structure GVA est associée, mais de manière discrète et la formation est présentée comme destinée à l'ensemble des agriculteurs de la commune, et pour eux seulement. C'est d'ailleurs le maire qui invite les agriculteurs à la session et non le conseiller, comme il le fait ordinairement.

On est passé de l'idée d'une « mutualisation » des terres d'épandage, notion un peu floue, choisie par le maire peut-être par provocation, pour signifier une organisation collective de la circulation des effluents sur la commune, à la mise en place d'une formation pour établir des plans d'épandage individuels pour les exploitants volontaires. D'une opération concernant l'ensemble des terres de la commune comme un collectif, à une action qui prend en compte la somme des exploitations de la commune, en tant qu'entités autonomes. L'idée du maire et du conseiller étant, bien entendu, que la somme des plans d'épandage individuels constituera un plan d'épandage communal.

Treize agriculteurs sont volontaires et s'inscrivent pour la formation de trois jours séparés dans le temps, qui sera animée par un conseiller de la chambre spécialisé en environnement.

Les plans d'épandage individuels sont réalisés en groupe

La formation proposée s'inscrit dans les formats classiques des interventions des conseillers de la chambre auprès de groupes d'agriculteurs. C'est donc une formation collective. Le principe est que chacun construise son plan d'épandage personnel mais dans une dynamique collective, ensemble mais chacun pour soi.

Le premier jour, le conseiller expose les différents types de réglementations auxquelles sont soumises les exploitations en fonction de leur taille (réglementation installations classées soumises à déclaration ou à autorisation et règlement sanitaire départemental). Les exploitations des treize volontaires ne sont pas soumises aux mêmes contraintes réglementaires et en conséquence les règles d'épandage qui leur sont imposées diffèrent[4]. Dans ces conditions, il devient très difficile de travailler de manière collective et l'idée s'impose dans le groupe d'élaborer un cahier des charges commun à l'ensemble des agriculteurs.

Pour sortir de cet imbroglio, le conseiller propose donc une règle applicable à l'ensemble des exploitations. Ces libertés avec la règle sont

---

[4] Les différentes réglementations en matière d'épandage ont à présent été harmonisées.

prises en justifiant d'un certain nombre de précautions définies collectivement – et non spécifiées par la réglementation – portant sur la nature
des effluents (fumier plutôt que lisier), la quantité apportée et la date
d'apport, la météo au moment de l'apport. Pour l'ensemble des surfaces,
les pratiques d'épandage doivent être conditionnées par l'étude des
risques précis sur chaque parcelle : la pente, la nature de la culture, la
présence de haies, de talus, de bandes enherbées, etc.

Face à une réglementation inadaptée par rapport à l'action collective,
le groupe se dote ainsi d'un ensemble de règles endogènes, cohérent et
opératoire dans la mesure où il peut s'appliquer identiquement à tous les
agriculteurs du groupe. En écartant la norme officielle en vigueur, celle-
là même qui a posé le problème des épandages, en lui substituant une
norme locale et commune d'épandage, le conseiller permet la poursuite
de l'action collective et contribue à faire exister le groupe d'agriculteurs.

En même temps, l'enrôlement du groupe d'agriculteurs dans le projet
du maire et des conseillers est renforcé : le choix de raisonner l'épandage des effluents en fonction des risques de pollution qu'il perçoit
plutôt qu'en fonction d'une réglementation jugée bête et méchante
confère au groupe un positionnement original d'innovateur responsable.
Le maire et les conseillers, en parfaite entente, affirment ainsi leur prise
de responsabilité, ainsi que celle des agriculteurs qu'ils entraînent, dans
le traitement du problème de pollution de l'eau au-delà de l'application
des règles imposées de l'extérieur. « *Des gens se positionnant par
rapport à l'eau et pas par rapport à la réglementation* » (le conseiller).

En fonction des règles collectives dont le groupe s'est doté, les
deuxième et troisième journées de formation sont consacrées à la réalisation des plans d'épandage proprement dit. Sur les cartes cadastrales,
chacun des agriculteurs travaille d'abord à localiser ses parcelles puis à
repérer les habitations, les ruisseaux ou autres éléments du paysage qui
conditionnent l'épandage, et enfin à définir les zones interdites à
l'épandage.

Un conseiller de la chambre, spécialisé en agronomie, vient faire une
intervention sur les bonnes pratiques de fertilisation et d'épandage à
adopter, l'idée étant de convaincre les agriculteurs de remplacer le plus
possible les engrais du commerce par les effluents animaux. Chacun
calcule son bilan de fertilisation en fonction de sa charge de cheptel. Ce
bilan de fertilisation, mis en rapport avec la surface épandable disponible, permet à l'exploitant de savoir de combien précisément il est excédentaire ou quelle quantité d'effluents il est susceptible de recevoir.

Lors de cette dernière journée, l'animateur de la formation présente
au groupe le travail qu'il a effectué depuis leur précédente réunion : il a
reporté au propre le travail individuel des agriculteurs ainsi que six

autres plans d'épandage réalisés sur la commune antérieurement – chez les premiers intégrables à PMPOA – sur les quatorze grandes cartes de section (au 1/2000) qui représentent la commune. À la vue de ces cartes qui récapitulent et mettent au propre les terres épandables définies sur l'ensemble du territoire communal, les agriculteurs sont immédiatement frappés par les trous, les manques, les parcelles où la surface d'épandage n'a pas été déterminée. Au total, le travail est fait sur près de 60 % de la SAU, et il ne semble pas très difficile de l'étendre à l'ensemble de la commune. Le groupe des participants voudrait pouvoir « décider les autres ». Ils s'accordent pour dire qu'« il faut combler les trous », finir la carte.

« Il faut combler les trous » sur la carte communale

Une étape est franchie dans le processus de construction collective de la carte dans la mesure où une partie au moins des agriculteurs mobilisés par la réalisation de leur plan d'épandage individuel souhaite poursuivre l'opération de manière collective. La carte, sous sa forme inachevée, mettant en scène ses manques pour devenir carte communale des terres épandables, convainc les participants d'aller plus loin dans sa construction. Cette volonté collective constitue un succès qui dépasse les espérances du maire et des conseillers qui le suivent dans ce projet. Ils n'ont certes jamais perdu de vue leur objectif, la construction d'une carte communale, mais après cette session de formation regroupant treize volontaires, il était assez probable que le conseiller doive compléter la carte par des enquêtes au porte-à-porte, comme il devra le faire par la suite sur d'autres communes.

En fait, il n'est pas décidé de convaincre tous les agriculteurs de la commune qui n'ont pas encore réalisé leur plan d'épandage de se joindre au groupe ou de le faire eux-mêmes d'une manière ou d'un autre. Ces trous sur la carte, qui visualisent aussi les échecs des conseillers de la chambre et du maire à mobiliser certains agriculteurs, seront comblés en faisant appel aux réseaux préexistants du maire, plus faciles à mobiliser que les agriculteurs demeurés silencieux à cette étape de la construction de la carte. Le principe adopté est de réunir deux ou trois agriculteurs autour des cartes d'un quartier qu'ils connaissent parfaitement et de leur faire faire collectivement les plans d'épandage des exploitations du quartier. Le maire a convaincu et recruté les volontaires nécessaires parmi les agriculteurs connaissant bien le territoire communal et ses exploitations, la plupart étant membres de l'association foncière.

Ces volontaires se réunissent en novembre 1996. Chaque commission de deux ou trois agriculteurs se regroupe autour des planches cadastrales de son quartier (c'est-à-dire son proche voisinage) et procède, pour eux-mêmes et pour les agriculteurs absents, au repérage des terres épandables en appliquant les règles fixées par le groupe au cours de la session de formation. Cet exercice est rendu possible par le fait que les agriculteurs connaissent de manière très précise les terres voisines et les éléments du paysage (haies, talus, cours d'eau, nature des cultures, etc.).

En discutant ainsi autour d'un territoire bien connu et partagé, les agriculteurs en viennent à confronter leurs connaissances sur cet espace. C'est ainsi qu'est parfois discutée la définition de certains éléments de nature qui conditionnent la délimitation des surfaces d'épandage : tel cours d'eau temporaire doit-il être pris en compte ? Faut-il prendre en compte tel cours d'eau ayant discrètement disparu dans une buse et pourtant indiqué sur la carte ? Ils confrontent des perceptions différentes de telle haie, telle pente ou telle zone humide. « Je connais un cas où c'est le conseiller qui a décidé ce qu'était un ruisseau. Les ruisseaux busés, il vaut mieux que ce soit discuté dans le quartier » (le conseiller).

En plaçant ainsi les négociations sur un territoire de forte interconnaissance à la fois des individus, des structures d'exploitation et du milieu naturel, les tricheries personnelles deviennent très difficiles. La carte construite de la sorte est exactement le produit des négociations entre les éleveurs, donc susceptible de créer le plus grand accord entre eux.

À l'issue du travail des commissions, le pari est tenu. La carte des terres épandables sur l'ensemble de la commune est achevée. Le conseiller produit une carte qui récapitule et met au propre les terres épandables sur l'ensemble du territoire communal. Chaque exploitation y figure sous une couleur différente.

Le 18 février 1997, les 45 exploitants de la commune sont invités à la mairie de Guéhenno pour une présentation officielle de la carte communale des terres épandables.

> Le fait que j'avais fait les cartes en format A0, des grandes cartes qu'on avait étalées sur la table, les agriculteurs étaient autour, on aurait dit un état-major en train de faire un plan de bataille des épandages, […] Ils disaient : « au moins celle-là, elle est juste », pas comme les autres documents administratifs (le conseiller).

Reconnue comme « *juste* » par les agriculteurs, la carte pourra réellement jouer son rôle de guide des épandages. La carte n'est pas la représentation sur le papier de la réglementation en matière d'épandage appliquée à la commune, mais bien plus le produit des connaissances des agriculteurs concernant les risques liés aux épandages sur leurs parcelles. Construite de manière collective, la carte devient un objet fédérateur dans laquelle les agriculteurs se reconnaissent, car elle représente les savoirs des agriculteurs eux-mêmes sur le territoire de la commune et ses objets de nature.

La presse est convoquée pour reporter l'événement. C'est un succès, trente personnes sont présentes, commentent et apprécient le travail qui a été fait. Le maire est ravi de constater que même les plus réticents au lancement du projet sont là et prennent part aux échanges enthousiastes autour de la carte.

Plus tard, la chambre se dotera du matériel adéquat pour informatiser et reproduire la carte en couleur. La plupart des agriculteurs de Guéhenno, même ceux qui n'ont pas participé à l'aventure collective, viendront en acheter un exemplaire (vendu très peu cher). Quant aux techniciens de la chambre, forts de cette expérience et de ce nouvel équipement, la réalisation de cartes communales d'épandage figure désormais dans l'éventail des services qu'ils proposent.

Les appuis de l'action collective et « l'agentivité » de la carte

Cette action collective organisée autour d'un problème local de gestion des épandages a été initiée par deux personnes, le maire et un conseiller agricole, mais elle s'appuie également, aux différentes étapes de son histoire, sur des éléments au caractère matériel plus ou moins marqué, qui portent l'action tout autant que ses initiateurs.

C'est tout d'abord le cadre habituel du Développement agricole en France qui donne une dimension collective à la réalisation des plans d'épandage individuels. Les formations dispensées par les techniciens de Chambre d'agriculture se font en effet classiquement en groupe au sein desquels les agriculteurs sont habitués à mettre en commun et échanger sur leurs situations, leurs expériences, leurs résultats.

Pour travailler ensemble, il apparaît ensuite indispensable d'adopter certaines conventions communes au groupe : de se doter de règles d'épandage communes mais également de s'accorder sur la définition de certains objets de nature tels que les cours d'eau.

Enfin, la carte dans ses versions successives participe activement à la coordination de l'action collective. Aux transformations successives de la carte correspondent des transformations du collectif mobilisé :

La carte présentant ses trous marque un tournant dans cette histoire dans la mesure où elle donne à voir à la fois la possible complétude du groupe et du travail à achever. Elle est déterminante dans le choix des agriculteurs présents à poursuivre l'action collective. Dans ce sens, elle répond exactement à l'intention du maire et des conseillers. Cette version de la carte constitue ce que Dominique Vinck appelle un « *objet commissionnaire »*, même si le conseiller qui l'a construite n'imaginait pas qu'elle déclencherait au sein du groupe cette volonté de compléter la carte de manière collective.

La grande carte complétée, format A0, transformant le groupe des agriculteurs en état major, produit la communauté locale des agriculteurs en même temps qu'elle en est le porte-parole. Elle construit ce groupe en premier lieu pour les agriculteurs eux-mêmes qui se pensaient solitaires et même concurrents dans la gestion de leurs épandages, puis plus largement lorsque la carte exposée à la mairie est visitée par des représentants de municipalités ou de groupes de développement agricole parfois extérieurs au département.

Enfin, la version mise au propre et informatisée de la carte, reproduite et vendue par la chambre, se fait le porte-parole auprès de nouveaux publics d'une action collective inédite et originale relayée par la presse locale et régionale : auprès des agriculteurs de Guéhenno non participants, auprès des municipalités voisines, de groupes d'agriculteurs qui viennent se renseigner à Guéhenno, auprès des agents de l'administration chargés des questions de gestion d'effluents, etc.

Un groupe de professionnels agricoles construit comme exemplaire et l'invisibilité des conseillers agricoles

L'histoire des épandages à Guéhenno connaît un épilogue inattendu. Pris dans la dynamique collective, les conseillers se lancent dans des calculs à partir des surfaces d'épandage indiquées sur la carte : en utilisant au maximum sur la commune les techniques d'enfouissement et de compostage, en n'achetant plus aucun engrais minéral et en généralisant le principe de l'alimentation biphasée dans tous les élevages de porcs, la production théorique d'azote par hectare épandable tombe à 160 unités, c'est-à-dire en dessous des 170 unités autorisées par la réglementation. Le coûteux traitement des effluents devient alors superflu. Hypothèse théorique certes, mais inespérée et encourageante.

En disant aux agriculteurs, OK c'est une situation idéale, mais on a des moyens pour résoudre le problème, donc ce n'est pas mission impossible, donc on peut commencer à faire quelque chose, se mettre en route. C'est un espoir pour les agriculteurs, ça permet de dédramatiser quand on dit qu'il n'y a pas d'alternative en dehors de la diminution des élevages et du traitement (le maire).

Un article de *Ouest France*[5] titre « la résorption possible sans traitement ». Parce qu'elle présente une surface communale d'épandage

---

[5] *Ouest France*, 21 juillet 1997.

élargie et qu'elle a rendu possible une discussion collective de la gestion des effluents, la carte devient une pièce à conviction à l'actif des défenseurs d'une solution alternative à l'usine de traitement de lisier. Accompagnée des bilans azotés, la carte va plus loin que ne le prévoyaient ses concepteurs : non seulement elle a participé activement à l'organisation collective de la gestion des épandages, mais elle offre de surcroît une solution théorique au problème.

La carte d'épandage de Guéhenno devient un modèle et transforme le groupe dont elle se fait le porte-parole également en modèle. La carte est devenue le représentant d'un groupe d'agriculteurs qui a accepté de jouer la transparence quant à la gestion des terres épandables, d'agriculteurs qui se veulent responsables par rapport aux problèmes de pollution dus aux effluents animaux. Dans un contexte de mise en accusation, en particulier des éleveurs de porcs, les discussions autour de la carte ont permis des discussions dédramatisées sur les pratiques individuelles d'épandage.

Les échanges autour de la carte ont dépassé les controverses attendues sur le zonage. Ils ont permis de lever le voile sur les pratiques individuelles d'épandage et d'échanger sur ce que sont des pratiques collectivement acceptables : « *Untel a exagéré, il a épandu en plein pendant la communion du fils du voisin, un dimanche après-midi* » ou bien « *t'as épandu trop près du ruisseau, là tu as déconné* ». Un éleveur propose à ses collègues de s'abstenir d'épandre le samedi puisque les gens du bourg se plaignent des odeurs. Tous s'accordent pour dire que quand c'est possible, il vaut mieux épandre du fumier que du lisier à l'odeur plus volatile à proximité des habitations.

Après des échanges sur tel ruisseau ayant disparu dans une buse, sur tel épandage en plein dimanche près du bourg ou trop près d'un puits, on peut imaginer que le groupe des agriculteurs va à l'avenir auto-contrôler ses pratiques. Ils se reconnaissent et sont reconnus désormais comme appartenant au groupe des agriculteurs qui ont osé poser collectivement – et bientôt publiquement – les problèmes d'épandage, et donc dans le même temps, le caractère polluant de leur activité. Ils se sont ainsi construit collectivement une image d'éleveurs responsables appréhendant la reconquête de la qualité de l'eau comme un défi, une nouvelle étape de la modernisation agricole, image rassurante permettant de contrecarrer celle de pollueur invétéré que leur renvoient les médias. « *En 58 on a construit le deuxième poulailler industriel ici sur la commune, on a su s'adapter à la demande de la société, maintenant on le peut aussi* » (le maire).

Le traitement du problème des épandages a fait du chemin depuis l'époque des mises à disposition clandestines.

Les conseillers, de concert avec le maire, ne cessent de mettre en avant la mobilisation quasi exceptionnelle des agriculteurs de Guéhenno, clef de la réussite de l'opération. Ils notent qu'au total, 75 % des agriculteurs de la commune ont participé à une réunion ou à une autre. En fait, nous avons vu que la construction de la carte a été portée d'un bout à l'autre de son histoire par le maire et deux conseillers. Le projet a été formulé en premier lieu par le maire, mais c'est avec l'appui d'un conseiller de la chambre que la session de formation a été organisée. C'est encore le conseiller, animateur de la formation, qui a suscité l'idée de poursuivre collectivement la construction de la carte en récapitulant l'ensemble des plans d'épandage individuels sur un fond de carte communale. À partir de cette décision collective, c'est encore le maire qui a personnellement mobilisé un groupe d'agriculteurs pour terminer la carte.

Le maire parle de « *rétrocession* » de la carte aux agriculteurs pour désigner la réception qu'il organise à la mairie pour présenter la carte achevée. En employant le terme de « rétrocession », les conseillers et le maire indiquent que cette carte a été construite *par* les agriculteurs de la commune et *pour* les agriculteurs de la commune. Après un détour par la chambre, puisque c'est un conseiller qui a réalisé la carte telle qu'elle est présentée, mise au propre, elle est rendue à ses propriétaires légitimes.

Une telle mise à distance ou mise entre parenthèses de la chambre et du travail de ses techniciens semble acceptée et même souhaitée non seulement par le maire, agriculteur, mais aussi par les conseillers eux-mêmes.

Le mérite des agriculteurs [...] est d'avoir abordé la maîtrise des pollutions diffuses de façon responsable (pratiques de fertilisation raisonnée), dynamique (non pas une contrainte à subir, mais une façon de bien faire son métier) et territoriale (toute la commune est concernée et pas seulement les élevages les plus importants). La réussite de notre projet tient essentiellement au fait que ce sont les agriculteurs qui ont pris les choses en main (le maire)[6].

La prise en charge par les agriculteurs eux-mêmes, en groupe, de l'organisation de leur activité et de leur développement fut un credo de la Jeunesse agricole catholique repris dans les fondements idéologiques du Développement agricole, qui a marqué aussi bien le responsable professionnel agricole qu'est le maire que les deux conseillers.

Une fois la carte terminée, les mécanismes de sa construction s'effacent. Le travail des conseillers agricoles de la chambre est rendu invisible, comme a été caché le rôle du groupement de vulgarisation

---

[6]   Déclaration à *La Gazette* du 4 juillet 1997.

agricole dans l'organisation de la session de formation au départ. L'encadrement agricole disparaît. Demeure la communauté locale des agriculteurs, représentée par un maire lui-même agriculteur, ce qui permet de jouer suivant les moments de l'histoire sur son fondement plutôt territorial et communal ou bien plutôt professionnel et agricole. Demeure également un collectif aujourd'hui donné en exemple, fait de professionnels agricoles responsables, actifs et dans une certaine mesure solidaires face aux pollutions engendrées par leurs activités. C'est le détour par l'histoire de la construction de la carte d'épandage de Guéhenno qui nous a permis de voir comment se construit concrètement un collectif, ce qui le fait tenir, à un moment de son histoire.

Bibliographie

Brives, H., « Mettre en technique. Conseillers agricoles et pollution de l'eau en Bretagne », Doctorat de sociologie de l'Université de Paris 10 – Nanterre, sous dir. N. Eizner, 2001.

Conein, B. *et al.*, *Les objets dans l'action*, Paris, EHESS, 1993.

Dodier N., « Les appuis conventionnels de l'action. Éléments de pragmatique sociologique », in *Réseaux*, n° 62, 1993, p. 63-85.

Dodier N., « Remarques sur la conscience du collectif dans les réseaux sociotechniques », in *Sociologie du travail*, n° 2, 1997, p. 131-148.

Du Soulier A., « La construction d'une carte pour l'action. L'élaboration du zonage d'éligibilité pour le redéploiement pastoral de l'opération locale des Baronnies », Mémoire de DEA, Université d'Orléans, 1996.

Hennion A., La passion musicale. Une sociologie de la médiation, Paris, Métailié, 1993.

Hennion A., « Une sociologie de l'intermédiaire : le cas du directeur artistique de variétés », in *Sociologie du travail*, n° 4, 1994, p. 459-473

Latour B., « Une sociologie sans objet ? Remarques sur l'interobjectivité », in *Sociologie du travail*, n° 4, 1994, p. 587-607.

Vinck D., « Les objets intermédiaires dans les réseaux de coopération scientifique », in *Revue Française de Sociologie*, n° 2, 1999, p. 385-414.

Les médiations de l'action collective « environnementale »

Hélène BRIVES* et Marc MORMONT**

* Enseignante-chercheuse à AgroParisTech
** Professeur au département des sciences
et gestion de l'environnement, Université de Liège

Les deux études de cas qui précèdent ont à la fois de nombreux points communs et des spécificités. Le texte de réflexion qui suit tente de les mettre dans la perspective d'une réflexion théorique qui porte à la fois sur l'action collective en matière d'environnement et sur le rôle des objets intermédiaires dans cette action collective. Nous commencerons par une réflexion sur la norme de protection de l'environnement et sur la nécessité où elle se trouve de se traduire dans des pratiques localisées et donc dans une gestion qui va bien au-delà de la nécessaire norme juridique. C'est que les enjeux de l'environnement ne peuvent être pris en charge par la seule modalité de l'interdit ou de l'incitation : c'est de reconfiguration, de transformation des pratiques qu'il s'agit. Par conséquent, ce sont les processus qui permettent des transitions, des passages d'un « système » à un autre qui importent : ces processus sont rendus possibles par des médiations où les objets jouent un rôle aussi important que les acteurs qui les créent et les manipulent dans l'action collective. Car la prise en charge de ces enjeux écologiques suppose des « systèmes » d'action qui sont viables, c'est-à-dire capables à la fois de se déployer et de se reproduire dans leur monde propre tout en répondant aux exigences de la survie des biens communs.

De la norme générale de protection à la « gestion » localisée

Les politiques d'environnement se présentent comme des réponses à des dégradations constatées – et considérées comme insupportables – de biens collectifs. La qualité de l'eau dans un cas, la qualité écologique et paysagère d'un site dans l'autre ont suscité des actions de protestation. Les pouvoirs publics édictent alors des normes de « protection » de ces biens menacés. La directive nitrates est une directive européenne et elle impose, à travers une transposition dans le droit national, des normes d'épandage des effluents d'élevage. La loi dite de « protection des Monuments et des Sites » est ancienne, mais elle a aussi pour vocation de protéger des lieux qui ont une valeur monumentale au plan national : elle permet de les « classer » et ainsi de les mettre à l'abri de tout usage menaçant.

On le voit, les mesures de protection ont deux caractéristiques : ce sont des mesures qui se traduisent dans des normes juridiques, et ce sont des mesures « générales », prises par des autorités supérieures pour des territoires très vastes. Les territoires d'application de ces normes sont en effet vastes par rapport aux enjeux pratiques de la protection et de leur application. La directive nitrates est européenne, mais c'est au niveau de l'exploitation, de quelques dizaines d'hectares, qu'elle s'applique. Les nappes d'eau souterraines sont elles-mêmes localisées. La Commission des Monuments et Sites est une institution « régionale », mais les sites protégés sont très localisés, ce sont des périmètres de quelques dizaines ou centaines d'hectares qui sont visés et ainsi mis « en protection ».

L'application de ces normes – qui ont une portée générale – suppose donc au moins un processus d'« implémentation », c'est-à-dire de mise en œuvre concrète. Ce sont en effet des pratiques agricoles qui sont en cause et ces pratiques sont extrêmement variables d'une région à l'autre, d'une exploitation à l'autre. Les normes d'épandage des fumiers et lisiers doivent en effet être appliquées par des agriculteurs qui sont chacun un cas particulier. Mais il ne s'agit pas seulement d'implémentation, c'est-à-dire de mise en œuvre.

Les difficultés de mise en œuvre peuvent être attribuées à la mauvaise volonté des acteurs ou à l'inadéquation des mesures prises. Mais nos deux cas ont un point commun qui rompt avec ces explications générales. L'agriculteur individuel confronté à une norme d'épandage peut se trouver dans l'impossibilité pratique et économique de l'appliquer à l'échelle de son exploitation, car il ne dispose pas des terres nécessaires. Le respect de la norme nécessite alors le recours à une organisation collective qu'il faut mettre en place : soit trouver des arrangements avec d'autres pour la mise à disposition de terres d'épandage, soit l'inscription dans un programme de résorption. Quant au site protégé, sa dégradation se poursuit en dépit de la norme de protection parce que celle-ci est incapable de prendre en compte la dynamique à la fois sociale (déprise agricole et reboisement) et écologique du site. C'est donc que la norme de protection d'une ressource échoue quand elle se confronte aux dynamiques locales qui ont un impact sur la ressource.

Cet échec de la protection et de sa traduction juridique, nous proposons en fait de l'interpréter d'une certaine manière. Les pratiques visées – l'épandage, l'affectation des prairies de fonds de vallée – sont des pratiques qui s'inscrivent dans des dynamiques suffisamment puissantes pour résister à l'application de la norme. L'option qui consisterait à ce que les éleveurs réduisent leur cheptel jusqu'à pouvoir se conformer chacun individuellement aux normes d'épandage n'est à aucun moment envisagée, car le coût économique d'un tel choix n'est pas acceptable, ni individuellement ni à l'échelle de la Bretagne. On observe alors des pratiques de détournement ou de contournement de la norme : les agriculteurs épandent sur des terres d'autres exploitants, d'autres communes ou traitent leurs effluents ; les propriétaires reboisent de sapins de Noël sous couvert de plantations « horticoles ». Les « systèmes » locaux de pratiques s'adaptent ainsi à la norme imposée et, dans certains cas, accentuent les dégradations. On peut attribuer ces détournements aux intentions malveillantes de leurs auteurs ou, plus sociologiquement, à leurs intérêts et leurs représentations. Notre interprétation est plutôt que la norme échoue à créer une ligne de force suffisamment puissante pour réorienter les pratiques parce qu'elle ne prend pas en compte la logique des « systèmes » locaux de pratiques. C'est que la définition des intérêts des acteurs est toujours relative à et dépendante du système de pratiques qui les définissent. Le possible, eu égard à la norme supérieure, se définit localement. C'est donc sur les localement possibles qu'il faut agir.

Médiations : acteurs et objets médiateurs ou intermédiaires ?

C'est parce que les pratiques sont situées dans des systèmes localisés, et pas seulement déterminées par des normes, que l'action de médiation se situe à l'interface entre institutions locales et règles générales. Dans les deux cas analysés précédemment, on observe un double processus : initiative d'un acteur qui prend la responsabilité de l'action d'une part, traduction dans un objet intermédiaire qui, par cadrage et exploration, redéfinit les pratiques, d'autre part.

Il est significatif que l'action relève d'un acteur « entrepreneur », c'est-à-dire capable de mobiliser un certain nombre de ressources dans une perspective localisée de résolution du problème. Cette action à la fois mobilise des ressources externes, celle de différents programmes d'action publique, celle des institutions d'encadrement agricole, mais elle les mobilise aussi par certains détournements de ces instruments. Le remembrement agricole n'est pas destiné à la gestion des sites protégés, mais il est mobilisé parce qu'il offre des ressources pour l'action sur le foncier. Il devient ainsi un outil détourné de la gestion écologique sous couvert de développement rural intégré. Le maire de la commune mobilise un agent de vulgarisation agricole en dépit des réticences de la Chambre d'agriculture : le moteur symbolique est ici la commune en tant que communauté capable de mutualiser les épandages. Le détournement n'est plus ici seulement une échappatoire à la norme, il se fait au nom d'une certaine définition d'un intérêt collectif qui renvoie à un intérêt commun, même si celui-ci est plus imaginé que réel. En effet, les acteurs concernés par le site de Frahan sont loin d'être en accord sur le devenir du site, les agriculteurs de Guéhenno, tout citoyens qu'ils sont d'une même commune, ont des pratiques de gestion de leurs terres et de leurs effluents qui sont largement divergentes. Mais la mobilisation d'une collectivité idéelle à travers l'idée de la « commune » ou celle du développement intégré permet de créer un espace d'action.

On voit ici le rôle crucial d'un concept mobilisateur qui joue le rôle de référence commune pour l'action. Ce concept n'est pas du domaine du réel car il ne correspond ni aux pratiques ni aux relations entre les acteurs, mais il est plausible c'est-à-dire qu'il peut trouver des points d'appui dans le réel (l'appartenance à une collectivité, des discours et programmes politiques assortis de financements tangibles). Ces concepts d'action interviennent donc comme des constructions idéelles mais appuyées sur des dispositifs, qui permettent une action ou au moins une exploration qui est mise à charge d'un acteur, prise en charge par un entrepreneur public, médiateur entre des exigences contradictoires.

Il est évident pour le lecteur des deux monographies qu'ici les méthodes divergent. À Guéhenno, c'est par l'interaction directe dans une espèce de forum ou de groupe de travail que collectivement le travail se fait. À Frahan, c'est au contraire par une série de négociations individuelles entre l'agent de développement et les acteurs concernés que l'action s'entame. Deux processus radicalement différents donc de ce que nous pouvons appeler une action collective de conception, puisque d'un côté on va miser sur un collectif réel, une sorte de dynamique de groupe (même si le groupe effectivement convoqué n'est jamais le collectif symboliquement mobilisé i.e. l'ensemble des agriculteurs de la commune), tandis que de l'autre on va miser sur une série d'arrangements privés qui seront « organisés » par un acteur centralisateur.

Cette différence de stratégie est difficile à interpréter : elle peut s'expliquer par le contexte culturel et politique (tradition d'action collective paysanne en France, individualisme agraire fort en Belgique), par des conditions institutionnelles (procédure du remembrement versus groupement de vulgarisation agricole) ou par les situations elles-mêmes (la norme d'épandage s'applique de manière commune à des agriculteurs et les met tous en tension avec une norme tandis que la protection du site entraîne une grande hétérogénéité des intérêts). La stratégie doit peut-être moins s'analyser du point de vue de ces déterminants que de celui des résultats auxquels elle conduit.

Cet acteur médiateur se caractérise par un certain nombre de propriétés qui rendent l'action possible. Il dispose d'abord d'une relative confiance de la part des acteurs du fait de son insertion dans le tissu local, c'est-à-dire de relations passées avec les acteurs. Ensuite il est à la fois engagé dans l'action, qu'il prend sur lui, dont il assume la conduite, mais en même temps il est indépendant, non impliqué dans les intérêts directs en jeu. Il dispose donc d'une autonomie d'action ou plutôt d'exploration.

Un deuxième aspect de ce travail de médiation est constitué par le processus de cadrage ou de recadrage de l'action qui va permettre dans les deux cas de stabiliser les paramètres du projet. À Guéhenno le cadrage est avant tout spatial ; c'est la commune comme espace d'action. Ce cadrage interdit toute transaction avec d'autres partenaires. L'action est ainsi circonscrite et les stratégies possibles limitées. Dans le cas de Frahan ce cadrage est plus complexe : il impose aussi un cadre temporel plus long (le devenir du site), mais il impose aussi de faire sortir certains acteurs du jeu : l'échange de propriétés forestières permet de faire sortir du cadre certains acteurs qui probablement n'auraient pas voulu ou pas pu négocier. La définition de ce cadre de discussion ou de négociation est un moment-clé. Il permet en effet de limiter le nombre et la qualité des acteurs négociateurs (en analyse stratégique) ou la prolifération des entités et des prises en compte (en analyse de réseau socio-technique).

C'est cette opération de cadrage – souvent ignorée ou sous-estimée des analyses socio-techniques – qui permet de construire un objet intermédiaire et de le rendre efficace. Par ces opérations préliminaires – concept d'action, cadrage spatio-temporel, acteur-entrepreneur – se trouvent en effet définies les conditions de possibilité d'une négociation collective. Mais celle-ci ne peut être seulement une discussion sur les principes d'équité ou d'efficacité. Elle doit se traduire dans le réel des systèmes d'action.

L'« implémentation » de la norme n'est donc pas seulement une question d'acceptation (question de légitimité) ou de faisabilité (question d'efficacité), elle est question de construction d'un cadre qui rend celle-ci possible pour les acteurs parce qu'elle rend possible un couplage, une connexion entre des espaces différents. L'espace de l'exploitation agricole, celui de la nappe d'eau à protéger, celui de l'espace de consommation de l'eau ne sont pas connectables si n'est pas construit l'espace des connexions.

C'est précisément ce que la carte d'épandage et le schéma cartographique du site de Frahan, en tant qu'objets intermédiaires, vont opérer : un espace de mise en relation de systèmes hétérogènes.

Dans cette opération il s'agit de mobiliser une multiplicité de connaissances, d'exigences, de normes. La carte transforme le problème : ce n'est plus seulement celui du respect de la norme, ni celui de l'efficacité des pratiques agricoles, c'est celui de leur correspondance, et au-delà, celui du respect du voisinage par exemple. Le plan du site, ce n'est plus le problème abstrait d'un respect de la nature ou du paysage, c'est devenu celui de la coexistence entre des activités différentes en tout, par leurs ambitions, par leurs critères d'efficacité, par leurs réseaux de connaissance. L'objet intermédiaire, c'est précisément celui qui réunit dans un format simple et lisible par tous cette multiplicité. Comme le souligne le cas des cartes d'épandage, la carte inclut aussi l'hétérogénéité des dimensions de l'action : en confectionnant cette carte, les agriculteurs raisonnent des pratiques techniques certes, mais aussi produisent des règles et engagent des identités et des modalités de coopération. Des connaissances locales sont mobilisées ou plutôt révélées par l'action collective qui s'enrichit. Le bras mort des pêcheurs ou le ruisseau disparu dans la canalisation de drainage jouent le même rôle : ce sont des objets où se lient pratiques micro-locales et conception générale du site futur. Les aménager ou aménager les pratiques par rapport à eux ne peut se faire qu'en passant d'une échelle à l'autre, et c'est ce que la carte permet. Ce sont en fait des opérateurs concrets de l'interdépendance, opérateurs auxquels on ne peut avoir accès que par l'intermédiaire de cette carte qui dit le territoire tel qu'il est approprié, mais qui ne le dit qu'au regard de cette conception future et de ce qu'elle exige.

La carte, le schéma cartographique sont donc en même temps commissionnaires d'une norme qu'ils traduisent au niveau des pratiques individuelles, et traducteurs puisqu'ils transforment à la fois les objets et les acteurs en les reliant les uns aux autres.

Reconfigurations sociales

Ce qui est en jeu dans ce processus, ce n'est ni seulement un changement technique, ni seulement la mise en œuvre d'une norme. Le changement technique comme modalité d'adaptation aux exigences environnementales, c'est au fond le rêve de ce qu'on appelle la modernisation écologique. Dans cette perspective de la modernisation écologique, il serait possible de répondre aux contraintes de la protection de l'environnement par le simple jeu de l'amélioration des techniques. À condition que les agriculteurs modifient leurs pratiques d'épandage en respectant le principe de la « juste dose » énoncé par leurs conseillers, ils pourront continuer à élever leurs animaux de la même manière qu'avant. Le modèle de production intensive n'est pas questionné. Dans une perspective purement normative au contraire, les pratiques et les techniques doivent se soumettre aux impératifs de la protection énoncée de manière générale : les règles d'épandage doivent être respectées scrupuleusement quitte à mettre en péril la viabilité économique des élevages. D'un côté il est demandé de faire confiance aux progrès des sciences et techniques et à leur mise en œuvre par les ingénieurs, de l'autre les solutions viendront des juristes et des contraintes qu'ils édicteront. En caricaturant quelque peu le débat, les organisations professionnelles agricoles s'inscrivent dans la première perspective face à des organisations environnementalistes plus souvent campées sur l'autre position.

Ce qu'indiquent les deux études de cas c'est qu'au contraire de ces deux perspectives, le changement n'est ni seulement technique ni seulement normatif. On ne peut comprendre la dynamique de ces deux expériences qu'en prenant en compte à la fois les adaptations techniques et les reformulations de la norme. En effet, la carte d'épandage n'est possible que parce que le collectif des agriculteurs engagés dans sa conception se dote de leurs propres règles, se donne une norme particulière d'échange. La protection du site telle qu'elle découle du plan de réaffectation des sols déborde le cadre strict de la protection pour devenir un plan de gestion et d'aménagement du territoire qui fait sa place à des activités économiques et à des fréquentations touristiques.

Dans les deux cas nous avons affaire à plus que seulement des applications de normes ou seulement des adaptations techniques. Ce sont en fait des reconfigurations qui sont le résultat de ces actions collectives. Par reconfiguration, on entend en effet plus qu'un simple ajustement d'une pratique à une contrainte. On entend au contraire l'émergence d'un nouvel objet. Malheureusement ces objets nouveaux, et donc peu visibles, n'ont pas de nom : dans un cas il s'agit d'une sorte de site agro-éco-touristique original par la manière dont il combine trois fonctions. Dans le cas de Guéhenno, c'est un collectif local d'agriculteurs capables de gérer collectivement des pratiques qui ont un impact sur un territoire : si ce collectif renoue avec des pratiques de gestion collective au niveau de la profession agricole, c'est aussi en même temps un collectif nouveau qui émerge, capable de prendre en charge une fonction cruciale d'un territoire, à savoir son alimentation en eau potable.

Le concept de reconfiguration connote une certaine rupture, le passage d'un système à un autre. Cette idée est peut-être plus visible dans le cas du site protégé où le résultat final tel qu'il est anticipé est bien un effet émergent des formes de coordination entre les activités, coordination qui a été imaginée par la confection de la carte. On y voit bien en effet le renforcement mutuel des usages : la qualité écologique est un attrait touristique, la fréquentation touristique fait vivre l'exploitation agricole qui, elle-même, assure l'entretien des qualités écologiques du site. Ce bouclage vertueux des impacts des activités les unes sur les autres constitue bien, sinon un système, du moins un effet systémique.

Il s'en faut pour autant que ce soit un système fermé. L'opération ne résulte pas seulement d'une action locale. La norme de protection, garantie par le classement du site, reste non seulement d'application mais elle a orienté et contraint tout le processus qui devait aboutir à un état écologique meilleur. Les outils procurés par des politiques globales de protection de l'environnement mais aussi de développement rural ont été mobilisés. On n'a donc pas affaire à une île écologique qui émerge-rait de la seule volonté locale. Au contraire si reconfiguration il y a, c'est bien parce que l'action a été cadrée et limitée par ces exigences et soutenue par ces ressources extérieures.

Anticipations et viabilité

Les deux systèmes ainsi reconfigurés sont donc loin d'être des sys-tèmes fermés, indépendants du monde extérieur. Ce sont au contraire des « systèmes localisés » qui ne sont possibles que parce qu'ils s'appuient sur des normes, des institutions et des ressources qui sont procurées de l'extérieur. Dans le cas de Guéhenno, ni le maire ni aucun conseiller agricole n'aurait pu ainsi mettre en branle un groupe d'agriculteurs s'il n'y avait pas eu la pression de la directive nitrates. Dans celui de Frahan, les contraintes imposées par le classement sur site permettent de limiter la fréquentation touristique à un niveau compatible avec les exigences des entreprises locales : deux forces extérieures s'articulent ainsi dans un espace local. Ces systèmes reconfigurés sont donc aussi des systèmes qui attendent de s'inscrire dans des réseaux, des marchés qui leur permettre de fonctionner.

C'est bien la raison pour laquelle les anticipations jouent un rôle cru-cial dans ces processus d'action collective. Les actions collectives décrites ne valent comme telles qu'en référence à des anticipations sur le fonctionnement correct de ces systèmes. Dans le cas de la carte d'épan-dage, ce sont surtout les anticipations réciproques des acteurs les uns sur les autres, l'anticipation que la commune continuera de garantir les conventions adoptées. Dans le cas de Frahan, ce sont des anticipations sur la fréquentation touristique dont il faudrait à la fois garantir qu'elle existera et assurer qu'elle respectera la norme du tourisme « doux ».

Ce qui est donc en cause dans la mise en œuvre de normes de protec-tion de l'environnement, normes générales élaborées en référence à un bien commun de généralité suffisante, c'est la traduction de cette norme dans des systèmes viables d'activités localisées. Nous préférons ici le terme de viabilité à celui de durabilité. Il exprime mieux, à notre avis, l'idée que la protection de l'environnement n'est précisément pas seulement une question de protection ni d'adaptation à des contraintes. C'est qu'il s'agit de faire vivre des activités telles que l'environnement soit pris en charge, approprié et protégé dans le même mouvement, dans la même dynamique. Il s'agit en particulier que le site de Frahan soit utilisé pour qu'il soit protégé. De même, la protection de l'eau n'a de sens que pour des communautés qui la consomment en même temps qu'elles vivent de la production agricole. La viabilité n'est donc pas une question de protection seulement, elle est une question de relation entre des activités et des ressources, de création ou de conception de systèmes dynamiques qui assurent en même temps l'intégrité de la ressource et la pérennité des systèmes socio-économiques qui les utilisent et les font exister.

La socialisation des politiques environnementales par des objets intermédiaires

Isabelle HAYNES* et Catherine MOUGENOT**

*Chercheuse au département des sciences
et gestion de l'environnement, Université de Liège

**Enseignante-chercheuse au département des sciences
et gestion de l'environnement, Université de Liège

Les politiques environnementales sont de plus en plus nombreuses à comporter des programmes destinés à enrôler le citoyen/consommateur dans leur application et les maîtres mots de ces programmes sont : « éducation », « sensibilisation » ou « participation ». Qu'il s'agisse de changement climatique, de tri des déchets ou de protection des espèces menacées, les individus sont appelés à agir pour des causes globales et à se mobiliser dans leur vie quotidienne pour l'environnement dans l'intérêt général. Le citoyen/consommateur est ainsi invité à économiser l'énergie, à changer de mode de transport ou à participer à la protection de la nature. S'agit-il là d'une moralisation du grand public ou de sa responsabilisation ? Toujours est-il que l'État, sauf à devenir autoritaire et à y consacrer beaucoup de moyens, ne peut agir seul et imposer ces changements par la seule contrainte réglementaire. Il faut inciter. Et ces incitations concernent des pratiques très quotidiennes, impliquant de pénétrer dans la sphère privée de la consommation, de la vie familiale ; ou encore des pratiques très locales, qui n'étaient jusque-là justiciables que de règles de bon voisinage, d'hygiène ou de civilité.

En France par exemple, l'Agence de l'Environnement et de la Maîtrise de l'Énergie diffuse des conseils pour économiser l'énergie via son site web et des brochures. Ces conseils sont assortis d'incitations fiscales quand la modification de comportement implique l'acquisition de supports techniques, comme des panneaux solaires, qui restent chers pour la plupart des ménages. Ce type de dispositif est semblable en Belgique où le Plan fédéral du développement durable comporte un volet incluant les citoyens/consommateurs, que ce soit pour la réduction de l'effet de serre ou le tri des déchets et, dans ce but, un grand nombre des plaquettes d'information sont diffusées.

Ces objets informatifs sont souvent bien conçus, ils sont agréables à découvrir et leur préparation traduit un ensemble de connaissances, de normes, et parfois aussi de négociations qui ont déjà été réalisées en amont. En ce qui concerne la conservation de la nature, par exemple, dans de très nombreux pays, des posters ont été réalisés dans le but de faire connaître et respecter les espèces animales et végétales menacées. Ces affiches sont souvent très jolies, mais ont-elles réellement un impact ? Et les pratiques qu'elles visent vont-elles au-delà de l'information ou de l'incitation morale ? Ce sont des dispositifs de prescription/ incitation qui informent le public sur les enjeux environnementaux et lui indiquent des pratiques souhaitables en préconisant l'adoption de pratiques individuelles ou collectives. Et ces instruments se présentent avant tout comme des « guides », les supports d'une démarche à suivre, destinés à aider l'usager à adopter des comportements « adéquats ».

Pour le dire d'une façon encore plus directe, toutes ces brochures, affiches ou dépliants invitant à économiser l'énergie et ces posters d'espèces menacées ou ces listes de sites à protéger consistent à dire au public : « faites ceci ou faites cela ». Ils peuvent donc être analysés, ainsi que le suggère Jeantet (1998), comme des « *commissionnaires* » ou des « *media* », dont l'objectif est de transporter une information de A (ici, une institution) vers B (le grand public). À travers eux, apparaît clairement la volonté de A d'orienter le comportement de B en canalisant ses actions dans le but de produire la performance attendue. Par ailleurs, le temps de leur conception reste strictement distinct de celui de leur réception, tandis que concepteurs et récepteurs sont aussi totalement séparés. Et tous ces supports matériels paraissent également exprimer une hypothèse commune, à savoir que les citoyens/consommateurs auxquels ils s'adressent sont des acteurs « *rationnels* ». Une rationalité de type économique – on démontre les économies qui pourront être réalisées pour le budget familial – ou de type moral – le citoyen/ consommateur ne peut QUE être convaincu de l'intérêt des changements de comportements qui sont attendus de lui.

Les résultats apportés par ces politiques et les objets qu'elles mobilisent sont variables et touchent difficilement un public non militant (Forest 2002). Ils peuvent être revus à la lumière de travaux récents en sociologie des médias et de la communication, qui montrent l'importance des conditions de la réception des messages (Benoît 2001 ; Defans et Ledun 2001) et soulignent la nécessité de considérer qu'il n'y a pas une réception « *pure* », ou totalement passive. Autrement dit, selon ces études, un message ne prend tout son sens que dans un contexte qualifié d'« *interactionnel* », c'est-à-dire fait d'actions et de rétroactions (Marti 2002).

Partant de ce même point de départ, nous ferons quant à nous l'hypothèse que c'est parce qu'ils sont inscrits dans une trame de liens sociaux interactifs que ces objets sont capables de dépasser le niveau des prescriptions, c'est-à-dire d'aller au-delà d'un rôle de commissionnaire. Plus précisément, la question que nous voulons alors explorer consiste à se demander comment des objets peuvent être pris en compte par un groupe de citoyens ou de consommateurs, autrement dit, quels effets peuvent être attendus de leur « *socialisation* ». Nous appelons ici « *socialisation* » les processus de création de liens à partir de et via un objet, liens susceptibles de participer à la transformation des pratiques volontaires, individuelles ou collectives.

Pour appuyer cette exploration, nous mobiliserons deux études de terrain où des citoyens et des consommateurs sont interpellés. Et nous chercherons à mettre en évidence les mécanismes qui fondent ces processus de socialisation, en considérant dans un même regard « *l'ensemble* » qu'ils font tenir, autrement dit le « *collectif* » qui associe des acteurs, les objets qu'ils mobilisent, la qualité des liens qu'ils réussissent à tisser autour d'eux, ainsi que les changements qu'ils sont susceptibles de produire.

Deux dispositifs expérimentaux de « socialisation »

Notre première étude de cas concerne des consommateurs. Elle a duré six mois et a consisté à suivre l'introduction d'un « Budget Énergie Environnement » (BEE) comme objet d'appui à la diminution de la consommation énergétique d'un groupe de ménages. Il s'agissait d'une expérience inspirée des « *focus groups* », dont les formes peuvent être variables[1] et qui sont aujourd'hui testés comme des façons d'explorer les logiques d'action collective. Dans cette méthode, fondée sur une écoute attentive et respectueuse de tous les participants, l'accent (focus) est mis sur une situation vécue par l'ensemble des membres du groupe (ici, l'utilisation des BEE) pendant, avant ou entre les réunions, en permettant d'observer les cadres d'interprétation qui se dégagent[2].

---

[1] Les « *focus groups* » sont nés dans le domaine du marketing. Dès les années 1950, ils étaient largement utilisés aux États-Unis comme façon de conduire des études de marché.

[2] Pour un panorama des types d'utilisation de la méthode, voir Duchesne et Haeghel (2005).

Le BEE est un bilan chiffré et personnalisé qui fournit une analyse de la consommation notamment énergétique d'un ménage en fonction du type d'habitat ou de la composition de la famille et en décomposant l'information par équipement et par fonction. Il permet ainsi de mesurer l'impact d'une réduction de sa consommation d'énergie tant en KWh qu'en Kg de CO2. Dans notre étude (Scherer 2004), le BEE a été présenté à deux groupes de consommateurs de la région lilloise invités pour « *parler énergie* », sans qu'une sensibilité préalable à l'environnement ait été un critère de sélection. Le premier a été constitué de manière à être le plus hétérogène possible en termes d'âge, de sexe et de revenus, et ses participants ont été indemnisés. L'autre groupe était composé d'employés volontaires de la société 3 Suisses, entreprise reconnue pour les pratiques pro-environnementales qu'elle a développées sur ses sites de production. Au sein de ces deux groupes, chaque ménage se voyait remettre l'état de ses consommations et de leur impact sur l'environnement, exprimé en termes de gaz polluants. Comme ce tableau permet de calculer les modifications induites par un changement de comportement, les consommateurs pouvaient ainsi appréhender, en faisant leur propre calcul, les changements de pratiques qui ont le plus d'impact. L'objectif de cette « *expérience* » était proche des programmes que nous avons mentionnés en commençant, à savoir confronter des consommateurs à de nouvelles informations sur les impacts de leurs pratiques énergétiques, de manière à les voir adopter un point de vue rationnel, économique ou moral et, sur cette base, décider de modifier leurs comportements. Cependant, notre étude avait un objectif complémentaire, puisqu'il s'agissait aussi d'observer les réactions collectives suscitées par la mise à disposition à chaque ménage d'un BEE[3], ce qui, comme on va le lire, nous a amenées à plusieurs surprises.

Notre deuxième cas d'étude s'est déroulé sur plusieurs années. Il a consisté à suivre, en temps réel, un programme innovant, mis en œuvre dans le cadre de la stratégie pour la biodiversité promue par le Conseil de l'Europe dans le but de développer des actions de gestion de la nature en dehors des réserves, c'est-à-dire hors des espaces strictement protégés. Ce programme mise sur le soutien des citoyens, et pour le susciter et l'appuyer, un dispositif participatif a été volontairement adopté par plusieurs dizaines de communes en Région wallonne (Belgique). À travers la mise en place des Plans Communaux de Développement la Nature (PCDN), il s'agit de constituer des forums locaux. Ceux-ci sont largement ouverts et réunissent plusieurs dizaines de citoyens invités à

---

[3] À cet égard, le dispositif mis en place était proche des expériences d'Eco-Team mises en place en Flandre belge, aux Pays-Bas ou aux USA. Voir par exemple, http://www.globalactionplan.com.

définir et à gérer de nouveaux projets pour la nature sur le territoire communal. Pour alimenter la réflexion dans les forums, une carte des « *réseaux écologiques* » est préalablement réalisée par un écologue. Celle-ci donne à voir l'inventaire des espaces d'un grand intérêt biologique déjà connus, mais également des espaces « *ordinaires* », susceptibles de leur venir en appui « *en réseau* » (Burel et Baudry 1999). Les citoyens sont ensuite invités à rédiger une « *charte* » complétant l'inventaire par des « *fiches-projets* » qui sont rédigées par des petits groupes partageant un attachement pour un espace précis, un type d'espèce animale ou végétale ou encore un type de milieu présent sur la commune. Et elles se structurent selon un format standard avec des rubriques précises : objectif du projet, localisation précise, lien avec les priorités pointées dans l'expertise, public cible, partenaires de l'action projetée, estimation budgétaire et étapes de la mise en œuvre.

Au départ, le BEE postule donc un acteur économique rationnel, capable d'un calcul individuel (son bénéfice économique) qui pourra être retraduit en calcul collectif (le bénéfice écologique) selon le schéma « win-win » qui caractérise les politiques de la modernisation écologique. Et le PCDN mobilise un citoyen inscrit dans un espace associatif, que l'on invite à rédiger des fiches de projets, visant à protéger la biodiversité au niveau local. Ces objets que nous voulons comparer ont ceci de commun qu'ils sont « ouverts », ce sont des tableaux et des fiches qui doivent être complétés. En soi, ce sont donc des documents plutôt banaux, mais qui ont en commun d'inviter à la réalisation d'un « travail ». Et nous faisons l'hypothèse que ces objets « intermédiaires » vont apporter aux groupes qui les mobilisent sens et effectivité[4] via un processus de socialisation qui va simultanément modifier les relations entre les participants, les rationalités à l'œuvre, les identités mobilisées dans l'action et l'argumentation qui la sous-tend.

Un processus que nous déclinerons sous trois aspects différents :

1. La socialisation est un processus qui crée de la familiarité avec le sujet considéré et entre les personnes concernées.

2. La socialisation permet la mise au jour d'identités plurielles et la circulation de l'une à l'autre.

---

[4] Nous utilisons ici le terme d'« *effectivité* » de préférence à celui d'« *efficacité* ». En effet, si les politiques environnementales que nous suivons produisent incontestablement certains effets, il nous paraît difficile de les cerner de façon précise, de les juger en fonction des objectifs officiels qu'elles affichent et surtout de les évaluer dans la durée. Actuellement, rien ne nous autorise en effet à penser que les ménages que nous avons réunis ont durablement modifié leurs pratiques de consommation, ni que les communes qui participent aux PCDN ont véritablement intégré la nature dans la gestion de leur territoire, avec des effets réels sur les espèces ou les espaces considérés.

3. Et elle produit des « effets » inattendus, notamment parce que la rationalité et le sens imaginés *a priori* sont susceptibles d'être déplacés.

Un processus de familiarité

Les actions que nous avons suivies sont expérimentales chacune à leur manière, et elles reposent avant tout sur la constitution d'un groupe qui suppose lui-même un travail crucial, à savoir commencer ou « faire que la mayonnaise prenne », une étape qui ne peut être obtenue de façon automatique, en suivant l'une ou l'autre procédure, aussi bonne soit-elle. Il faut donc assurer un saut qualitatif et que les participants s'engagent (Louviaux 2005). Et c'est là qu'intervient notre hypothèse sur la socialisation permise ou possible autour d'objets, un processus que nous voulons suivre en termes d'action et de liens autant qu'en termes d'argumentation. En faisant appel à nos exemples, nous voyons en effet les tableaux (BEE) et formulaires (fiches-projets) comme des « intermédiations » mentales et sociales qui vont offrir aux participants un « ancrage », soit participer à la définition d'un sujet de préoccupation et, simultanément, à la construction du groupe. Pratiquement, le fait de compléter ces documents va en effet permettre aux personnes d'y inclure des éléments personnels qui concernent leur vie privée ou leur connaissance particulière de l'environnement et de la nature. Et leur mise en forme dans les tableaux et formulaires va leur faire subir une double transformation : particuliers, ils vont être rattachés à un ensemble ; actuels, ils vont être reliés à un futur, à une volonté de changement.

Dans le cas du BEE, les consommateurs sont invités à analyser leur consommation individuelle dans un format détaillé, conçu pour les amener à se pencher sur chacune de leurs pratiques et en même temps à examiner et calculer quels peuvent en être les impacts. Le tableau permet alors de faire un bilan qui cumule un bénéfice individuel (en termes de kWh) et un bénéfice collectif (en terme d'émission de CO_2 évitée). En suivant les débats entre les consommateurs, nous observons que des discussions très concrètes sur les équipements (la consommation électrique des veilleuses par exemple), les témoignages de la vie quotidienne (la difficulté de demander aux adolescents de ne pas passer des heures sous la douche ; la température acceptable la nuit : 14°, 16° ou 18° ?), bref le partage d'éléments qui touchent à la vie quotidienne intime des ménages et les comparaisons rendues possibles par le format unique de l'objet conduisent à une appréhension différente du sens des comportements.

Ce qui devient acceptable relève donc en même temps d'une évaluation objective, supportée par l'objet, et d'une évaluation subjective et pratique supportée par une sorte de convention morale qui lie progressivement les membres du groupe et lui apporte une raison d'agir : « *Il y a l'idée d'un contrat social. Je suis prêt à faire un effort si tout le monde participe...* »

Dans le cas des PCDN, les citoyens sont invités à se regrouper avec quelques personnes qui partagent un attachement pour un élément de nature présent sur le territoire de la commune et à rédiger une fiche qui concrétise leur passion. C'est déjà à ce stade un premier travail de coopération puisqu'il associe des personnes dont l'intérêt particulier, voire privé, va se trouver relié à un objectif de conservation de la biodiversité, tel qu'il a aussi pu être décrit dans le travail d'expertise. Mais le format spécifique de la fiche permet aussi d'imaginer la réalisation du projet et le lien possible avec d'autres partenaires qui pourront l'appuyer ou en bénéficier. Et ces deux formes de déplacement (Remy et Mougenot 2002) vont se trouver matérialisées par l'insertion de la fiche dans une charte qui sera adoptée par la commune au titre de « *Plan pour la Nature* ». La mécanique joue ici sur la mise en commun d'intérêts particuliers dont l'objet (des fiches reliées à la carte de l'expert et à la charte communale) doit produire de la convergence exprimée dans un plan communal.

Dans ces deux situations, le format du tableau ou de la fiche permet d'articuler une situation personnelle (des pratiques quotidiennes, un intérêt, souvent vécus sur un mode peu explicite) avec un objectif global d'économie d'énergie ou de conservation de la nature. Et c'est là une première « *intermédiation* » mentale ou intellectuelle, c'est-à-dire un changement de nature articulant l'habituel à l'extraordinaire, le particulier au général ou encore le connu par familiarité au donné par l'expertise. En bref, il permet l'expression d'une implication personnelle et son rattachement à une entité collective. Et la seconde « *intermédiation* » intellectuelle consiste à relier le présent au futur, c'est-à-dire à imaginer des impacts concrets et un avenir. Les tableaux et fiches alignent, relient et articulent ; ils montrent et produisent quelque chose dans une projection dans le temps. Comme tels, ils participent à un processus d'intéressement et de mobilisation aux deux domaines considérés, c'est-à-dire à des sujets qui restaient la plupart du temps incompréhensibles ou insaisissables et qui, à travers les objets, trouvent un commencement de compréhension et d'organisation.

Mais, en même temps, ces objets contribuent aussi à construire/ focaliser un groupe qui pourra devenir capable d'agir, de produire des changements. Ils produisent donc aussi des « *intermédiations* » sociales, dont l'efficacité ne repose pas seulement sur la matérialité des tableaux ou des fiches à compléter, mais aussi sur la procédure de discussion engagée. Au sein des groupes de consommateurs que nous avons suivis, c'est avant tout l'émergence d'une émotion commune liée à l'inquiétude ressentie vis-à-vis du risque climatique et de la pollution qui va se dégager et souder le groupe : « *Tout le monde était sur la même longueur d'onde et tout le monde était préoccupé et d'accord qu'il fallait faire quelque chose* ». C'est cette dimension émotionnelle qui permet d'intégrer la nécessité de passer à l'action dans la convention morale qui s'élabore au sein du groupe. Et dans les petits groupes de citoyens réunis pour la conception d'un projet de gestion pour la nature, l'expression de l'hétérogénéité des participants, de leurs différents points de vue reste forte, mais va néanmoins s'effacer derrière la volonté de proposer quelque chose de concret pour la commune. C'est donc ici l'idée d'un travail collectif qui va s'imposer, orienter et donner un rythme aux discussions qui vont s'installer entre les partenaires. Et ils seront en outre stimulés par la démarche générale du forum local, démarche qui va elle aussi imprimer son format : la définition d'un calendrier pour la présentation des actions prévues et leur mise en forme dans la charte.

Les tableaux et fiches constituent donc un point d'ancrage afin de « *parler* » ou mieux encore de « *se parler* ». Ils ont ceci de particulier qu'ils ouvrent des espaces de discussion sur des sujets proches mais néanmoins abordés sous un angle inhabituel et qu'ils sont conduits de façon informelle et familière, tout en adoptant cependant quelques règles de discussion et de travail. Le mélange de ces caractéristiques définit des procédures qui permettent et encouragent la discussion en changeant le regard que les participants portent sur leurs propres pratiques, sur leur environnement, sur le sujet discuté et également les uns sur les autres.

Et cette familiarité nouvelle acquise par les membres du groupe avec les questions environnementales peut aussi être étendue aux acteurs et aux espaces proches. Ainsi, sans qu'il ne leur soit nécessaire de marquer une transition, les groupes de consommateurs vont spontanément passer d'une réflexion sur leurs pratiques à une autre où seront cités des collègues (de façon relativement prévisible, les employés de la société 3 Suisses vont déplacer leur objet de discussion sur leur entreprise), des amis, la famille, des voisins mais aussi la ville de Lille et la région Nord Pas de Calais. Ces acteurs seront ainsi « *convoqués* » dans les discussions et mobilisés dans les actions imaginées. Et ces articulations, en train de se faire, nous apparaissent appuyées par les objets, supports d'une « *prise* » (Berque 1990) sur les choses et les situations, autrement dit, capables d'abolir les distances physiques, mentales ou relationnelles qui pouvaient être vues comme insurmontables ou, plus simplement, impensées jusqu'ici. La familiarité devient donc synonyme d'« *unification* » pour le groupe qui se crée et d'« *appropriation* » pour le sujet qui se découvre (Giddens 1991). Mais elle n'est pas pour autant une forme de simplification, car à travers elle, le « *plus proche* » grandit en même temps que le « *plus complexe* », dans un double jeu de proximité et de réaction face à un monde surprenant (Mermet 2005).

Une pluralité d'identités

Il faut ici réinsister sur le fait que ces résultats n'étaient pas donnés d'avance, ni garantis par le respect d'une procédure. Ils ont émergé dans un processus « *en train de se faire* » et exigeant en temps. Et dans les groupes, des liens se sont tissés entre les participants, sans pour autant figer les identités des uns et des autres. Au contraire, tout s'est passé comme si le renforcement des liens était lié à la découverte d'identités plurielles et à la possibilité de passer de l'une à l'autre.

Et ceci va d'abord nous conduire à vérifier la mise en cause du schéma classique d'un processus de communication. Ainsi, les participants des groupes que nous suivons ne se voient pas seulement comme des publics cibles, comme des « *récepteurs* » d'un message qui leur est transmis. Ils se perçoivent aussi comme des acteurs qui, à leur tour, deviennent « *émetteurs* » de messages ou d'actions.

Dans les groupes de consommateurs, c'est sans trop de surprises que l'on va entendre ceux-ci se plaindre de ce que l'État, qui devrait être à l'origine des économies d'énergie, ne montre pas l'exemple : « *La mairie est éclairée toute la nuit... j'aimerais bien leur demander si on paie pour ça...* » Et pour les groupes de citoyens, les communes qui initient les PCDN peuvent elles-mêmes devenir le public cible des actions imaginées, autrement dit, les participants au forum local souhaitent que les communes gèrent « *autrement* » la nature sur leur territoire.

Il y a là une marque d'expression de méfiance qui s'exprime sans doute de façon récurrente vis-à-vis des pouvoirs publics et qui contribue déjà à inverser les identités habituelles d'une politique environnementale. Mais surtout, nous voyons ici que ces identités peuvent être transformées et décomposées : États et communes ne sont plus vus comme les seuls représentants de l'intérêt public, soit aussi comme des « *blocs* » uniques, parlant d'une seule voix. Dans les groupes que nous suivons en France, les demandes du ministère de l'Environnement, sont mises en contraste avec celle de l'Équipement et des Transports. Ce cas de figure est présent aussi en Belgique, quand des participants s'aperçoivent que deux départements faisant partie du même ministère de l'Environnement peuvent exprimer des messages différents, voire même opposés. Les pouvoirs publics vont alors être élémentarisés en niveaux, départements et services ou, plus simplement encore, reconfigurés autour des personnes qui animent ces institutions et dont certaines sont bien connues par les participants. Dans les discussions et les projets qui sont esquissés, se découvre alors un mélange entre groupes et personnes individuelles, entre intérêt public et intérêt privé. Parallèlement, ce processus de décomposition s'accompagne d'une recomposition de la chronologie habituelle : les actions envisagées ne sont plus seulement conçues comme des moments uniques, structurés autour d'un début et d'une clôture. Les actions telles qu'elles sont évoquées dans les discussions deviennent des processus dont les étapes peuvent être nombreuses et qui ne sont pas seulement successives, mais aussi simultanées. On entrevoit leur début, mais pas forcément leur fin. Les interactions qu'elles mettent en scène peuvent rester floues et elles concernent un groupe de personnes qui peuvent être à la fois acteurs et récepteurs, publics et privés.

Ce mécanisme est particulièrement visible dans les groupes PCDN que nous avons suivis pendant plusieurs années. Inviter des partenaires locaux à remplir des fiches qui seront collectées pour constituer une charte communale ne consiste pas strictement à les sensibiliser d'abord, pour les associer ensuite à la réalisation d'une tâche. On observe plutôt un mélange curieux que nous pourrions qualifier de « *communication-action* » et qui peut se décomposer en sous-objectifs, par exemple : aller sur le terrain pour faire collectivement un état des lieux de la nature, en faire la restitution au forum local, imaginer des actions à court, moyen ou long terme, actions qui vont se greffer sur les intérêts particuliers de certaines personnes, et en même temps, suggérer un autre type de gestion de la nature sur le territoire communal. Remplir des fiches-projets devient, comme l'explique un participant, une occasion pour « *transmettre nos observations à la commune... On l'aide ainsi et parfois même, malgré elle !* » Nous sommes loin ici du schéma classique où A émet un message vers B, schéma qui repose sur la séparation entre A et B et sur la séparation entre le temps de la conception et de l'émission du message et celui de la réception et de l'action qui devrait logiquement sen suivre. Dans les groupes que nous suivons, communication et action peuvent être mélangées dans des boucles rétroactives, émetteurs et récepteurs, participants ou non participants, adjuvants et opposants peuvent se mêler ou se superposer, et ils ne sont plus représentatifs d'un intérêt exclusivement situé comme public ou privé.

Si de telles décompositions ou superpositions se découvrent, c'est aussi que les consommateurs et les citoyens qui participent aux groupes ne sont pas exclusivement que des consommateurs ou des citoyens. Autrement dit, les collectifs qui se créent s'appuient sur la mise au jour d'identités plurielles. Les consommateurs qui débattent autour des BEE se savent citoyens, mais se découvrent aussi comme des êtres biologiques, partageant une communauté de destin avec leur environnement. En effet, discuter des quantités de CO_2 émises, c'est non seulement comprendre que l'on joue un rôle dans l'effet de serre, mais c'est aussi se rappeler de la réalité de son existence. Et ce rappel fait tomber la barrière qui existait entre la communauté des humains et l'ensemble des êtres vivants, car tous subissent les conséquences négatives des conséquences de l'effet de serre et partagent donc la même destinée. Les participants se définissent alors avant tout comme des êtres dont la survie est menacée. Et il s'agit dès lors d'assurer la survie de l'espèce humaine, celle de l'individu, celle des enfants et aussi des générations futures : « *C'est la vie de nos enfants et de nos petits enfants qui est en jeu, parce que si l'on continue comme ça, ça va être terrible* », soit une troisième identité que nous avons choisi de désigner tout simplement comme celle d'« *être humain* » (Scherer, *op. cit.*).

Si l'identité qui est mobilisée par une personne est celle d'un consommateur, le collectif de référence est alors celui du marché et le sens de l'action (la consommation) se construit en termes utilitaristes par rapport au prix et au confort. C'est ce qui se passe, par exemple, quand un participant compare le coût de sa consommation d'eau avec celui de son abonnement, et qu'il décide de ne pas économiser l'eau, après avoir constaté que le coût de l'abonnement est de toute façon plus élevé que celui de la consommation. En revanche, si l'identité mobilisée est celle d'un citoyen, le collectif de référence devient celui de la communauté (y compris les pouvoirs publics), et le sens de l'action se construit en termes de droits et de devoirs pour le bien commun. C'est ici l'exemple qui a été évoqué dans un de nos groupes autour du tri des déchets, mettant en scène les pouvoirs publics locaux (qui décident du taux de taxe locale relative au ramassage des déchets), les entreprises de collecte et de traitement des déchets, des déchetteries et des containers, mais aussi les voisins (qui regardent si le tri est fait). À partir du moment où la nécessité de trier fait consensus parmi ces acteurs, le sens de l'action est celui de la « *bonne citoyenneté* » et donc de l'obéissance à la règle commune, derrière laquelle s'efface son impact environnemental réel. Enfin, si l'identité est celle d'un être humain, le collectif de référence devient celui des êtres vivants humains et non humains et l'action se construit alors en termes de préservation et de protection, tandis que les sens se mobilisent pour traquer les signes de ce qu'ils interprètent comme une dégradation de la Nature commune.

Dans les groupes PCDN, ce sont plutôt des identités d'« *êtres sensibles* » qui se découvrent et viennent se superposer à celles de citoyens, de professionnels, ou encore de voisins. Le terme sensible peut alors être entendu de façon double, c'est-à-dire comme étant « *capable d'émotion* » mais aussi comme « *conduit par les sens* ». Souvent en effet, les participants qui se réunissent pour remplir les fiches se fixent préalablement des rendez-vous pour arpenter ensemble le territoire communal ou pour faire des « *visites de terrain* ». Ils mobilisent ainsi un moteur puissant qui est celui de la passion, elle-même alimentée par la mobilisation des sens, en particulier la vue, et plus simplement encore le mouvement. Une mobilisation des sens qui permet de percevoir autrement ce qui est pensable d'abord et acceptable ensuite. C'est en regardant les choses, en parcourant ensemble l'espace que les participants prennent conscience que les projets qu'ils imaginent leur tiennent à cœur et que ce qui leur tient à cœur peut en convaincre d'autres. Ainsi cet ouvrier forestier qui s'étonne lui-même des propos qu'il tient devant les autres : « *Pour moi la forêt... c'est presque une cathédrale... Non ?* » Voir les choses est aussi une façon de créer de la familiarité avec les situations et les problèmes. C'est d'abord les comprendre mieux, mais c'est aussi une façon de partager une commune humanité, celle des êtres sensibles attachés de diverses manières à l'environnement et à l'espace local. Il apparaît ainsi que la tâche requise par les fiches permet à ces différentes sensibilités de se rencontrer et de s'articuler dans la découverte d'un contexte concret. Ainsi, la réalité du travail d'un agriculteur et l'intérêt pour la nature ne peuvent mieux se découvrir que sur le terrain, celui d'une zone humide par exemple. Au-delà du fait que deux partenaires peuvent désormais inscrire leur nom et qualité au bas d'une fiche, un agriculteur, un naturaliste, l'objet et le détour qu'il a impliqué, permettent de faire se parler deux personnes qui peuvent s'exprimer sur un même mode, celui de leur appréhension concrète et sensible des choses.

Le caractère « *ouvert* » des objets que nous suivons acquiert ainsi un sens plus large et en même temps plus précis. Chacun se saisit de l'objet selon une identité qui lui est propre et fait sens à ses yeux à un moment donné. Prenons l'exemple de la consommation cumulée des ampoules dans la consommation énergétique d'un ménage indiqué par le BEE. Cette information est une découverte pour les participants. Dans le jeu des discussions à propos de l'effet de serre, une personne, équipée d'halogènes, décide alors d'acheter des ampoules basse consommation. Elle se dira ensuite déçue par la qualité de la lumière fournie et, constatant que le BEE montre que les ampoules « classiques » consomment moins que les halogènes, elle optera pour cette solution. Un compromis qui lui permet de faire tenir ensemble deux identités de consommateur et d'être humain, mais où cette dernière a pris la primauté en tant que référent de l'action.

Derrière les chiffres des tableaux ou les différentes rubriques des fiches qui sont progressivement remplies, ce sont donc des identités plurielles qui se découvrent, et qui sont attachées aux personnes présentes, aux personnes évoquées mais également à l'environnement dont on parle. Et par exemple, qu'est-ce qu'une zone humide, un site biologiquement exceptionnel ou un endroit difficile à faire pâturer ? Finalement, la fiche qui sera rédigée par les partenaires des PCDN refusera de trancher cette question, mais proposera un projet d'aménagement naturel (des plantations) d'une façon qui satisfait l'agriculteur et le naturaliste, puisqu'elle organise la circulation du bétail tout en permettant un projet conservation. Les partenaires découvrent ainsi qu'il est donc tout à fait possible de considérer simultanément deux points de vue. Ici encore il ne s'agit pas de simplifier pour diffuser, mais de complexifier pour « *concrétiser* » au sens initial de ce terme, c'est-à-dire de « *faire grandir ensemble* ». Et les objets ne sont pas étanches à cette circulation d'identités. Au contraire, ils encouragent à ne pas trancher entre elles, mais plutôt, à passer de l'une à l'autre et à les faire vivre ensemble.

Des rationalités qui se déplacent et se recomposent

Pour finir, nous voulons souligner le fait que l'on ne peut comprendre les changements individuels ou collectifs susceptibles d'apparaître dans ces expériences que dans la construction d'un collectif capable de faire tenir ensemble tous ces déplacements des identités, des préoccupations et des relations entre participants. C'est donc surtout l'importance de la temporalité de ces expériences que nous voulons montrer ici. Elle va permettre d'explorer le sens et les rationalités à l'œuvre dans les projets qui se découvrent. Et les tableaux et fiches sont donc aussi intermédiaires à ce titre, puisque le travail auquel ils invitent crée un sentiment de familiarité dans un temps qui s'organise et prend forme dans des actions à concrétiser et qui parfois produisent des résultats là où on ne les attendait pas.

Lors des discussions autour du BEE, une observation nous a fortement interpellées, car il faut redire ici que le postulat de départ de cette expérience était exactement le même que celui des politiques mentionnées en introduction, à savoir modifier le comportement des consommateurs sur la base d'une rationalité économique ou éthique. Or nous avons d'abord constaté que certains participants n'ont pas du tout répondu à cette attente et qu'ils ont d'emblée manifesté un manque d'intérêt, même utilitariste, pour cette question. Ensuite, et contrairement au postulat optimiste et rationnel du BEE, le groupe est progressivement devenu un lieu pour exprimer une peur générée par une « *menace* » environnementale au sens de Luhmann (1993), peur insidieuse et tout simplement difficile à dire, totalement opposée à un risque mesurable et contrôlable. La simple introduction du thème du CO_2 par le BEE a ainsi cristallisé des craintes évoquées par les participants à propos de l'effet de serre, ensuite de la menace nucléaire ou de la perte de la biodiversité. Or ces craintes semblaient d'autant plus difficiles à exprimer qu'elles apparaissent *a priori* caractérisées par une absence totale de reconnaissance. Ces évocations ont ensuite été suivies d'un certain découragement : la différence d'échelle entre la taille planétaire de ces questions et la portée très faible d'un changement de comportement n'incitent guère en effet au passage à l'action :

> C'est difficile de parler d'environnement parce que la seule chose que vous puissiez faire, c'est un constat d'échec. Et quand on rencontre des amis, on a plutôt envie de parler de choses positives, pour lesquelles il est possible de faire quelque chose... Ce qui est terrible c'est l'impuissance.

Un sentiment que traduit la métaphore de la « *petite goutte dans l'océan* » régulièrement utilisée dans les échanges.

Les membres du groupe sont donc passés de la logique de rationalité pratique, qui était attendue, à l'expression de leurs craintes vis-à-vis d'une menace qu'ils sentaient peser sur eux, au risque d'enlever à l'action son sens. Ils ont ensuite formulé cette menace environnementale en termes de survie de l'espèce humaine, considérant le modèle de développement occidental comme le premier responsable : « *La racine du problème c'est l'argent, la productivité et l'efficacité à tout prix* ». Et ils se sont alors retournés vers l'État, en exprimant leur méfiance vis-à-vis de lui. Modifier leur comportement supposait de donner sens à l'action individuelle alors qu'ils se refusaient à avoir confiance en l'État et les institutions, garants du bien public. Puisque ceux-ci ne semblaient pas appliquer les mesures normatives ou exemplaires qui s'imposent, l'action individuelle était perçue comme superflue. L'interprétation donnée par le groupe de ce constat était alors double : les institutions ne prennent pas au sérieux la menace qui pèse sur la planète, et elles sont incapables de résister à la pression économique : « *Ce qui me rend dingue, c'est qu'on nous demande d'abandonner nos voitures mais qu'on ne s'attaque jamais aux camions* ». À ce sujet, le souvenir de Tchernobyl dont le nuage était censé s'arrêter à la frontière française reste dans la mémoire des participants les plus âgés comme l'expression typique d'un État qui n'est pas crédible : « *On n'a su que plus tard que les laitues étaient dangereuses, on ne peut donc plus lui* (le Gouvernement) *faire confiance* ».

En réalité, ce sont moins ces critiques de l'État français qui furent pour nous une surprise, que le processus de tous les déplacements opérés par le groupe lui-même. Il était attendu de lui une réflexion à un niveau pratique, technologique ou économique, réflexion qui nous semblait préalable à un changement de comportement individuel. Dans ce sens et de façon logique, le BEE était, au départ, destiné à un seul individu ou un seul ménage. Or de façon imprévue, ce tableau est devenu un ancrage pour parler de la crainte de la menace environnementale et pour s'apercevoir que cette crainte était partagée par les autres. Et de là, les participants sont passés à une critique généralisée des pouvoirs publics. D'un sujet à l'autre, le groupe est alors devenu un lieu où ils pouvaient parler de ce qui leur tenait à cœur, mais aussi de ce qu'ils se sentaient capables de faire. Et ce parcours a changé le regard que les uns portaient sur les autres et entraîné la découverte que des moyens d'action individuelle existent et qu'ils font sens si le groupe se les approprie. Au sein du collectif, s'est alors construite une perception de responsabilité individuelle non pas en réponse à la pression morale qui aurait pu être exercée par le groupe (Fishbein, Ajzen 1975 ; Vandenabeele, Warlop *et al.* 2001), mais en réponse au partage d'une émotion commune et vis-à-vis d'un groupe plus facilement identifiable. Ainsi, il nous est apparu que le BEE avait constitué un collectif, mais d'une façon inattendue, et de cette socialisation a résulté le fait que les participants ont exprimé le désir de modifier des comportements individuels, les leurs ou ceux de personnes qu'ils considéraient comme proches. Des participants, non satisfaits de changer de pratiques chez eux, sont ainsi intervenus sur leurs lieux de travail et ont proposé des actions, là où on ne les attendait pas. Par exemple, une personne s'est déclarée « *investie* » par « *quelque chose* » et estime ne plus avoir peur de parler d'économies d'énergie à ses collègues de bureau. Ou encore, c'est ce responsable de production qui a fait adopter des cartonnages au lieu de blisters pour l'emballage de la ligne de produits qu'il supervise à l'usine.

Ainsi, ce qui marque surtout cette expérience est principalement le fait que les participants ont réorienté leur discussion d'une manière telle que plusieurs changements sont intervenus et ont modifié leurs préoccupations en même temps que la qualité des liens qui se tissaient entre eux. Et ces changements étaient accompagnés par un déplacement des identités mobilisées qui ont aussi permis l'exploration de différentes rationalités ou d'arguments : confort, prix à payer, droits et devoirs, angoisse, possibilité de transmettre la vie, besoin de reconnaissance sociale, etc.

Dans les groupes PCDN, on a quasiment pu observer un chemin inverse. Les communes qui acceptent d'expérimenter la nouvelle politique de gestion de la nature suivent une procédure qui leur est suggérée par la Région wallonne et plus précisément le Service de Conservation de la Nature. Cette procédure prévoit au départ un rassemblement de tous les partenaires pour présenter le plan et la charte qui sont à imaginer et mettre en œuvre. Et il s'agit à chaque fois d'introduire ce sujet par une conférence traitant de la menace qui pèse actuellement sur la biodiversité. Alors que la disparition des espèces est considérée comme normale, quand elle est compensée par des apparitions, il est dit et répété que le nombre d'espèces décroît aujourd'hui de façon alarmante, ce qui peut s'expliquer par la disparition des écosystèmes, leur fractionnement et leur banalisation, d'où la nécessité de prendre en charge la gestion de la nature « *ordinaire* ». Ce message est appuyé par des tableaux et des cartes qui renseignent sur l'état de la biodiversité au niveau de la planète, comme à celui de la Région wallonne. Le ton de ce message se veut donc à la fois porteur d'une menace collective, mais aussi objectif (basé des données scientifiques). Or dans les groupes que nous avons suivis, l'évocation de cette menace ne semblait pas réellement impressionner les participants. Se sentaient-ils écrasés par ce message ? Impressionnés par son caractère trop scientifique ou implacable (l'idée que, quels que soient leurs projets, ils ne seraient pas à la hauteur de ce qui était démontré) ? Ou encore emprisonnés dans cette sorte de « *péché originel* » qui les rendait coupables de tous les déséquilibres démontrés par l'expert ?

Or il fallait ensuite, toujours en suivant la procédure, que chaque groupe se présente dans le forum local et présente aussi ses intérêts particuliers pour tel espace ou telle espèce particulière. Et c'est alors seulement que les choses sont précisées aux yeux de chacun, le cheminement des uns éclairant celui des autres et réciproquement. Mais les idées qui ont alors été proposées n'étaient pas acquises d'emblée et certaines d'entre elles ont parfois suscité ou réveillé des conflits sérieux. Il est alors apparu que l'obligation de prendre en compte des réactions parfois très vives a amené les personnes qui apportaient leurs projets à trouver des arguments de plus en plus généraux pour les justifier. Ces processus de discussions ont ainsi donné aux projets initiaux une maturité et une dimension qu'ils n'avaient pas en commençant. Par exemple, l'aménagement d'un bout de chemin désiré par quelques habitants est devenu le support de la protection d'un réseau de plusieurs zones humides qui ont été connectées les unes aux autres. Ou encore le désir de certains pêcheurs d'avoir suffisamment de truites dans le lac de barrage où ils avaient l'habitude de se retrouver a débouché sur la protection d'une population de truites indigènes, etc. (Mougenot, *op. cit.*). Pour mettre en œuvre et faire vivre leurs projets particuliers, les citoyens ont donc été dans l'obligation de surmonter les objections qui leur étaient faites et de les connecter à des problèmes d'intérêt général. À travers ces cheminements, il apparaissait que promouvoir la gestion de la nature ordinaire ne peut s'appuyer sur la défense d'une cause globale, ni sur un seul type de rationalité, mais qu'elle est au contraire imbriquée dans des préoccupations très diverses et parfois contradictoires, de nature économique, culturelle ou tout simplement domestique.

Vus sous un certain angle, les deux cas particuliers que nous avons suivis peuvent apparaître rigoureusement opposés : d'un côté, une réflexion pratique est proposée à des consommateurs et pour y adhérer, ils expriment le besoin de passer, collectivement, par l'évocation de la menace diffuse qu'ils ressentent. D'un autre côté, l'exposé du risque d'érosion de la biodiversité à un niveau global, ne peut être pris en charge par des citoyens que lorsqu'ils auront exprimé leur attachement à la nature, d'une façon très concrète et aussi très locale (leurs observations deviennent alors aussi des types d'indicateurs de l'évolution de la biodiversité !). Pour nous, la question n'est donc pas de comprendre de façon séparée le point de départ ou d'arrivée, local ou plus global, de ces délibérations, mais d'observer la façon dont les personnes ont pu circuler de l'un à l'autre. Sans nier non plus l'idée que la composition de ces groupes ait pu influencer le résultat de leurs discussions (Hollander 2004), il nous semble néanmoins que ces deux exemples peuvent se comprendre à partir de ce concept de socialisation que nous voulons défendre. Car dans les deux cas en effet, il apparaît que « *quelque chose* » commence à « *se passer* », à partir du moment où les participants parviennent à s'approprier le sujet traité de la façon qui leur convient notamment par un engagement réel ou imaginé du corps sensible menacé (dans le cas des BEE) ou observant (dans le cas des PCDN). Tableaux et fiches sont donc apparus comme des points d'ancrage cruciaux pour appuyer l'exploration des différentes identités dont ils ont bien voulu se saisir, ainsi que les différentes rationalités qu'ils ont mobilisées successivement ou simultanément.

Conclusion

En cherchant à saisir en un seul regard les acteurs, les objets qu'ils mobilisent, la qualité des liens qu'ils tissent ainsi que les déplacements qui en découlent, nous proposons la notion de « socialisation », comme utile pour penser et évaluer des politiques environnementales. Et nous cherchons à mettre en évidence la contribution que pouvaient y apporter certains objets.

Pour appuyer ce raisonnement, nous avons utilisé l'exemple de deux groupes expérimentaux dans le domaine de l'énergie et de la gestion de la nature. Dans ces deux cas, une certaine rationalité éthique ou économique était présupposée chez les participants, de même qu'une identité (de consommateur, de citoyen, de propriétaire, etc.) leur était attribuée a priori. Or en suivant les objets qu'ils mobilisent, nous découvrons que ces présupposés vont être déplacés et que ces personnes sont capables d'actions non envisagées au départ.

Or cela n'est possible, à notre sens, que parce que ces objets ont des qualités essentielles que nous cherchons à montrer, même si les tableaux et les fiches mobilisés par ces groupes ont une matérialité assez pauvre (ce ne sont « *que* » des documents à compléter). En proposant aux membres des groupes un travail à effectuer, ils deviennent cependant des objets de discussion, d'appréciation et d'évaluations diverses et permettent de constituer un champ de justifications et de pratiques, en reliant les unes et les autres et en arbitrant entre elles. Ils initient alors un processus dans lequel il devient alors possible de penser la question de la consommation d'énergie en gardant à la discussion un caractère à la fois concret (ce qui est faisable, acceptable) et abstrait (ce qui est justifiable, ce qui vaut). Et il devient aussi possible de relier des projets d'aménagements très locaux à l'enjeu global du maintien de la biodiversité. Ces objets apportent ainsi à la discussion et au travail des groupes un caractère pragmatique où des justifications « *important* » néanmoins.

Et c'est là la « *prise* » qu'offrent les BEE autant que les fiches-projets : par leur vertu comparative (la méthode de calcul dans le cas des BEE, le format commun dans le cas des fiches), en proposant aux membres des groupes un horizon et en imprimant un rythme aux interactions, ils apportent aux individus une capacité à relier des temporalités, des échelles et des collectifs différents tout en permettant aussi de lier des univers privés, voire intimes, à des politiques relatives à des enjeux globaux. Autrement dit encore, en suscitant de la familiarité, en laissant une place aux particularités, aux passions, aux habitudes, aux inconforts comme aux penchants, des projets ou usages « *banaux* » peuvent être rattachés à de nouveaux univers de compréhension ou de relations. Et par la vertu comparative de ces objets (la méthode de calcul dans le cas des BEE, le format commun dans le cas des fiches), la discussion en groupe a été élargie à d'autres univers : celui du travail, de l'entreprise, de la collectivité locale, voire de l'État, soit des échelles de réflexion ou d'action différentes.

Nos observations montrent aussi qu'il ne s'agit pas là d'engager seulement un et un seul type de rationalité. Au contraire, l'espace de discussion ouvert permet l'expression des diverses modalités de relations que les personnes peuvent entretenir entre elles et avec les questions posées et, surtout, l'expression de plusieurs types de rationalités. L'ancrage apporté par les tableaux et les fiches autorise en effet aussi le partage d'émotions et, en même temps, il les cadre. Il met sur le même pied l'expression de peurs ou de passions avec la nécessité de respecter des droits ou des devoirs, ou encore avec l'intérêt qu'il y a d'éviter les gaspillages ou de rechercher les avantages financiers. L'espace de discussion ouvert permet également de créer un appel à des responsabilités multiples, et, dans la foulée, il rompt le partage entre privé et public et élargit le caractère par trop sectorialisé des actions publiques.

Les tableaux et fiches nous apparaissent dès lors comme des « intermédiaires » dans un processus conjoint de « prise » d'émotions partagées et de construction d'un agir possible. Ce caractère d'intermédiarité a déjà été proposé et étudié par Vinck (1999) au sein des réseaux scientifiques et par Jeantet (*op. cit.*) dans les milieux industriels, mais le contexte de nos observations est ici totalement différent. Elles prennent place dans le cadre de politiques publiques qui font appel à l'engagement de personnes dans le but de produire des changements de comportement à caractère local et même privé. Nous sommes dans le cas de situations faiblement structurées où l'État ne peut fonctionner sans la coopération de personnes isolées ou bien de celle de nombreuses organisations ou associations qui sont elles-mêmes parfois à la marge des institutions. Ces situations apparaissent donc très ouvertes sur la capacité supposée des personnes ordinaires à prendre en charge des enjeux d'environnement dans leur espace quotidien et local. Or ces expériences nous paraissent particulièrement enrichies par l'utilisation d'« objets intermédiaires » qui se révèlent pourtant avoir des propriétés quelque peu différentes de celles observées dans les univers technico-scientifiques.

Pour finir, il faut rappeler que les objets intermédiaires que nous avons suivis sont mobilisés dans des petits groupes qui gardent un caractère expérimental. Sans doute ne peuvent-ils avoir la prétention de représenter toutes les formes de délibération en matière environnementale, notamment par le fait que le degré d'urgence des décisions à prendre y reste relatif et qu'ils ne donnent pas lieu à des conflits notables à l'intérieur des groupes (les conflits seront plutôt identifiés à l'extérieur). Ils sont de ce fait plutôt à considérer dans le champ de la prévention que dans celui de la résolution de questions conflictuelles. Ils n'en produisent pas moins des résultats qui ont des conséquences pratiques et interpellent les institutions sur les politiques qu'elles mettent en œuvre à destination des citoyens/consommateurs.

D'abord les groupes que nous avons suivis remettent en cause le principe d'autorité qui émane habituellement de ces politiques et se traduit dans la conception « *commissionnaire* » des objets qu'elles mobilisent pour transporter des objectifs généraux dans la vie quotidienne des gens ordinaires. Des politiques qui se limitent à des processus de transmission, d'éducation ou d'incitation. À l'inverse, les groupes que nous avons suivis suggèrent une vision innovante des politiques publiques, qui doivent avant tout être vues comme une invitation à la construction d'espaces de sens ouverts. En leur sein, les citoyens/consommateurs peuvent devenir des acteurs, en apportant leurs propres questionnements, tout en reconsidérant les frontières de l'action publique. Et les processus de socialisation, via des objets qui permettent une évaluation argumentée en même temps que la définition d'actions réalisables, peuvent alors être vus comme des processus de politisation à part entière, dans lesquels les gens ordinaires défont et refont les modes de mise en œuvre de ces politiques.

Bibliographie

Benoît, D., « La fin justifie-t-elle les moyens ? Techniques de communication d'entreprise et éthique », in *Actes du 5ᵉ colloque du Centre de Recherches en Information et Communication*, Nice, 6 et 7 décembre 2001.

Berque, A., *Écoumène. Introduction à l'étude des milieux humains*, Paris, Belin, 2000.

Burel, F., Baudry, J., « Écologie du paysage, Concepts, Méthodes et Applications », Tec et Doc, 1999.

Duchesne, S., Haegel, F., *L'enquête et ses méthodes – L'entretien collectif*, Paris, Nathan Université, 2004.

Defans, C., Ledun, M., « Rationalisation et légitimation des TIC : la place du sujet », in *Actes du 5ᵉ colloque du Centre de Recherches en Information et Communication*, Nice, 6 et 7 décembre 2001.

Fishbein M., Ajzen I., *Belief attitude intention and behavior : an introduction to theory and research*, Reading, Addison Weasling, 1975.

Forest. F., « Des sociologies de la réception à la conception assistée par l'usage des techniques d'information et de communication : héritages et enjeux », Lyon, Université Lumière Lyon 2, 2002.

Giddens, A., *Modernity and self-Identity. Self and Society in the Late Modern Age*, Oxford, Polity Press, 1991.

Hollander, J., « The Social Contexts of Focus Groups », in *Journal of Contemporary Ethnography*, n° 5, 2004, p. 602-637.

Jeantet, A., « Les objets intermédiaires dans la conception. Éléments pour une sociologie des processus de conception », in *Sociologie du Travail*, n° 3, 1998, p. 291-316.

Louviaux, M., « Les consommateurs à la rencontre des systèmes de certification sur les fruits et légumes avec un accent sur les traitements pesticides et leur durabilité », rapport de recherche, Arlon, Université de Liège, SEED, 2005.

Luhmann. N., *Risk : a sociological theory*, New York, Walter de Gruyter, 1993.

Marti, C., « Raconter des histoires pour partager des connaissances », in 7ᵉ colloque de l'AIM, Hammamet, Tunisie, 2002.

Mermet, L., « Des récits pour raisonner l'avenir. Quels fondements théoriques pour les méthodes de scénarios ? », in L. Mermet (dir.), *Étudier des écologies futures – Un chantier ouvert pour les recherches prospectives environnementales*, Bruxelles, P.I.E.-Peter Lang, 2005.

Mougenot, C., *Prendre soin de la nature ordinaire*, Paris, Maison des Sciences de l'Homme et INRA, 2003.

Remy, E., Mougenot, C., « The role of inventories and maps in Nature Policies », in *Journal of Environmental Policy and Planning*, n° 4, 2002, p. 313-322.

Scherer, I., « Can an informative artefact induce sustainable behaviour in the French households ? The answer of a cognitive transfer experience », Thèse, Arlon, Université de Liège, 2004.

Vandenabeele P., Warlop L., Smeesters D., « Between green thoughts and green deeds : the relationship between environmental concern and source separation performance for individual consumers », Rapport de recherche n° SP0783, Bruxelles, OSTC, 2001.

Vinck, D., « Les objets intermédiaires dans les réseaux de coopération scientifique » in *Revue française de sociologie*, n° 2, 1999, p. 385-414.

QUATRIÈME PARTIE

LES CONCEPTS INTERMÉDIAIRES

Des concepts intermédiaires pour la conception collective

Les situations d'action collective avec acteurs hétérogènes

Régine TEULIER* et Bernard HUBERT**

*Chargée de recherches CNRS au Centre de recherche en gestion,
École polytechnique
**Directeur de recherche,
Institut national de la recherche agronomique

Nous nous proposons, dans ce chapitre, de caractériser les situations de gestion collective de situations complexes comme des situations de conception. Dans ces situations, des acteurs très différents ont à inventer ensemble une solution inédite. Pour articuler leurs différents points de vue et concevoir ensemble cette solution commune, ils se saisissent d'un concept central qui articule leurs échanges, leurs connaissances et leurs actions et que nous proposons d'appeler concept intermédiaire, nous référant à la notion d'objet intermédiaire pour la conception. Nous illustrons cette proposition par la description de plusieurs cas d'action collective entre acteurs hétérogènes : en particulier la restauration écologique du lac de Grand-Lieu en Loire atlantique.

Les situations d'action collective hétérogène sont des situations de conception

La caractérisation des situations d'action collective entre acteurs hétérogènes

Nous nous intéressons à des situations d'action collective entre acteurs hétérogènes (Teulier et Cerf 2000) qui peuvent être définies comme suit :

> Ces situations présentent plusieurs points communs : elles rassemblent divers acteurs appartenant à des institutions ou des organisations variées qui

peuvent donner au projet des objectifs très différents, elles rassemblent des acteurs chargés de la conception et de l'animation, et des partenaires isolés ou regroupés en associations ; les expertises sont très variées et doivent toutes être impliquées pour mener la tâche de conception collective.

Les principales caractéristiques du management collectif d'une telle situation complexe sont étudiées à travers les trois cas suivants :

• L'aménagement des Cévennes autour du col de Portes après un grand incendie de forêt a mobilisé aménageurs, forestiers, agriculteurs, chasseurs, pompiers pendant 20 années après le grand incendie de 1981 qui dévasta plus de 4000 ha (Couix et Hubert 2000).

• L'aménagement du bassin versant de la source d'eau minérale de Vittel, de 1991 à 1999, a permis de sauvegarder sur les 3000 ha de bassin, une agriculture tournée vers l'élevage laitier en maintenant le taux de nitrates compatible avec les exigences de la production d'eau minérale (Desfontaines, Brossier).

• La restauration écologique du lac de Grand-Lieu en Loire atlantique a impliqué l'engagement des pouvoirs publics, des agriculteurs, des pêcheurs et des associations écologiques de 1980 à 2003 (Marion *et al.* 1994).

Les situations en milieu rural que nous décrivons sont exemplaires, au sens où elles facilitent l'observation de situations d'action et d'élaboration collective. Elles sont représentatives de situations où sont impliquées des coopérations entre entreprises étendues, ou même à l'intérieur d'organisations. Ces situations impliquent un ensemble hétérogène de partenaires. Les conflits sont exprimés de façon plus ouverte.

Dans ce type de situation, les acteurs sont impliqués à des degrés divers, bien souvent pour la gestion d'une ressource qui devient rare et convoitée et qui donne lieu à des tensions. Ils se rencontrent à travers une situation nouvelle et sur un espace approprié par différents acteurs, qui a du sens pour ces acteurs et qui leur donne du sens. Cette situation dotée d'une historicité parfois longue et d'évolutions variées voit en général surgir une crise qui peut exacerber les concurrences. Les acteurs doivent concevoir collectivement une situation inédite, renouvelée, permettant de sortir de la crise et de réorganiser les activités autour d'un intérêt collectif négocié. Ils doivent reconcevoir la situation tout en permettant le respect des intérêts et des pratiques individuelles.

Les situations hétérogènes entre acteurs indépendants peuvent donc se caractériser par les points suivants :

• L'intérêt individuel paraît s'opposer au collectif jusqu'à une situation dégradée où tous les intérêts individuels sont atteints ou menacés.

- La solution est forcément concourante : tous les acteurs sont touchés ou menacés au même moment. En tous cas survient un événement qui fait « signe » pour tous et qui se traduit par une menace pour chacun, immédiate ou devenue prévisible.

- Les processus de conception sont collectifs et étalés dans le temps, il n'y a pas de solution toute prête.

- Les acteurs des différentes sphères sont très indépendants. Ce qui faisait lien entre eux « avant », quand tout allait bien, était à peine apparent. C'est souvent uniquement le fait de partager un « territoire », un espace.

- Du fait de cette indépendance, les acteurs peuvent quitter le processus de conception collective à tout moment.

- Mais ils sont aussi très interdépendants, car ils se retrouvent localement sur de nombreux autres enjeux.

- Ils ont en général des positions sociales très inégales, et qui sont souvent liées aux connaissances possédées ou mises en œuvre. Les porteurs de la connaissance instituée ne sont pas les plus engagés dans le savoir en action.

Ces situations d'action collective sont des situations de conception

Dans ces situations d'action collective entre acteurs hétérogènes, les processus de conception collective nous semblent centraux, comme dans de nombreuses situations de management (Teulier-Bourgine 1996). La situation est inédite et aucune solution satisfaisante n'apparaît d'emblée.

Dans les situations qui nous intéressent, ce que conçoivent les acteurs n'est pas un produit : une pièce de moteur ou un engrenage, comme dans les situations industrielles étudiées (Jeantet 1998, Boujut et Blanco 2003), mais une solution collective comprenant un ensemble d'activités très différentes, de comportements professionnels variés qui vont jouer sur les paramètres d'une situation biophysique ou sociophysique ne répondant pas de façon mécanique aux modifications d'activités ou de comportements que l'on va introduire. Or ce n'est pas la nature de l'artefact ou de l'idée, sujet de la production intellectuelle, qui caractérise la nature de l'activité de conception (Simon 1973), mais le processus de conception lui-même.

Nous affirmons qu'un processus de conception est essentiel dans ce type de situations parce que cette solution nouvelle est entièrement à imaginer, le problème lui-même est difficile à formuler. Ce qui s'avérera une « solution » par la suite, son élaboration, sa négociation pour trouver une forme et une formulation acceptées par tous, enfin sa mise en œuvre ne sont clairement envisagées par aucun des participants au départ de la situation collective. Il y a bien conception d'une solution nouvelle. Le terme solution doit être entendu, ici, dans un sens englobant. On peut se référer à la solution dans la résolution de problème (Newell et Simon 1972) qui comprend à la fois l'état final du problème, mais aussi tous les opérateurs qui ont été utilisés pour parvenir à cet état. On est bien dans un type d'activité cognitive de conception au sens de Simon : le problème est mal posé et on ne choisit pas une solution parmi un ensemble de solutions déjà connues.

Parmi les principales caractéristiques que propose Simon (1973) concernant les problèmes bien structurés, dans l'intention de faire apparaître *a contrario* les caractéristiques des problèmes mal structurés, reprenons les principales :

- Il existe un critère pour évaluer d'éventuelles solutions candidates.
- Il existe en fin de compte un espace de problème.
- Les modifications possibles (correspondant à des évolutions valides) peuvent être représentées dans un espace de problème.

Prenons la première caractéristique de la conception pour Simon, qui est le recours impossible à une solution déjà connue ou à un critère permettant d'évaluer celle-ci. C'est bien le cas des différentes situations que nous analysons : que ce soit dans le cas de Grand-Lieu, du col de Portes ou de Vittel, personne ne connaît au départ une solution possible. Personne n'a de critère global non plus pour évaluer une éventuelle solution. Par exemple dans le cas de Vittel, on sait qu'il faut éviter d'atteindre tel taux de nitrates dans l'eau de source, mais on ne sait pas avec quel type d'activité agricole sur le bassin versant, or la « solution » ne peut être que globale puisque tous les acteurs impliqués sont tributaires d'un même espace. Les formulations trop simplificatrices d'un acteur peuvent même être source de conflits et de blocages, comme le fait remarquer Raulet (1993). Un processus ajoutant de la complexité (Callon 1986) et permettant ainsi de construire un cadre est nécessaire (Raulet-Crozet 1999).

Ceci nous amène à la deuxième caractéristique proposée par Simon, qui est l'existence d'un espace de problème[1]. Dans les situations qui nous intéressent, celui-ci n'existe pas, il y a souvent un constat, un élément déclencheur qui « pose problème » : le taux de nitrates augmente, le lac meurt, la forêt est détruite, mais formuler un problème dans un espace-problème est impossible d'emblée, il y a plutôt une série

---

[1]   L'espace de problème est l'espace où peut se « déployer » le problème : à la fois sa formulation (*problem setting*), l'ensemble des contraintes et l'ensemble des solutions possibles, donc également les solutions retenues (*problem solving*).

de problèmes et d'espace-problèmes qui sont liés, enchevêtrés et ayant des répercussions les uns sur les autres.

Enfin, les états obtenus par des évolutions possibles ne peuvent pas être représentés dans un espace-problème comme nous le voyons dans le cas de Grand-Lieu : lorsqu'un tel état est formulé pour un point de vue donné, comme la diminution du nombre de nénuphars, il n'est pas significatif pour les autres points de vue. Et c'est là précisément la difficulté et le point nodal de ce type de situations. Chaque protagoniste a des propositions de « solutions » : aucune ne peut satisfaire l'ensemble des parties prenantes. Dans le cas du bassin de Vittel, la production laitière était basée sur un cheptel Holstein hautement productif requérant des inputs élevés causant une teneur en nitrates importante. L'entreprise Vittel, cherchant à garantir la qualité de l'eau minérale, a entamé un processus de réévaluation de tout l'écosystème du bassin versant : changement du cheptel, passage de l'ensilage du maïs au pâturage et au foin séché, diversification des cultures. Dans les Cévennes, la restauration de la forêt a impliqué une diversification des espèces d'arbres, de nouvelles techniques de reforestation aboutissant à une structure de forêt plus complexe, et créant une mosaïque de clairières enherbées qui permettent le pâturage de moutons et de chèvres, et rendent la zone moins vulnérable aux incendies. Réconcilier forestiers et éleveurs de chèvres est une gageure dans les zones méditerranéennes, mais c'est aussi un point clef de la prévention des incendies. Ainsi au début du processus collectif, les états « atteignables » ne peuvent pas être formulés comme appartenant à un seul espace de problème, et les partenaires ont à gérer un problème mal structuré.

Cette évolution essentielle entre un premier critère simple, souvent « technique » et qui est central dans les premières formulations du problème, et une « solution globale et collective » qui finit par être trouvée, s'accomplit sur un pas de temps conséquent. Le processus de conception et d'action collective entre acteurs hétérogènes met un certain temps à se constituer : de plusieurs mois (col de Portes) à plusieurs années (Grand-Lieu). Le fait que le raisonnement des acteurs s'étale sur plusieurs mois n'est pas un obstacle pour qualifier ces activités cognitives de processus de conception. Les situations de conception « classique » telles que celles étudiées dans les situations industrielles (Jeantet 1998, Eckert et Boujut 2003) s'étalent également sur des durées longues où les problèmes sont reformulés, les raisonnements interrompus, puis reconsidérés à de nombreuses reprises.

Comment se définissent les situations de conception ? Simon, qui les caractérise comme des problèmes mal structurés, fait remarquer que « la frontière entre la résolution des problèmes bien structurés et celle des problèmes mal structurés est en réalité vague et fluctuante ». Reprenons l'imbrication de phases de différentes natures que propose Simon concernant le processus de conception. Évoquant les « conceptions complexes produites par les organisations » Simon décrit :

> Une étape initiale de mise à plat des spécifications générales est suivie par des étapes pour lesquelles des experts introduisent de nouveaux critères de conception ainsi que les éléments de conception y répondant. Lors d'une étape ultérieure, l'attention est portée sur les inconsistances des éléments de la conception et la recherche d'évolutions possibles continue pour tenter de répondre à la plupart des critères, ou encore pour prendre la décision de sacrifier certains critères plutôt que d'autres. Chacune des petites séquences de cette activité apparaît comme étant bien structurée, c'est l'ensemble du processus qui ne répond à aucun des critères que nous avons définis pour les problèmes bien structurés.

Les processus de conception dans les situations d'action collective avec des acteurs hétérogènes ont cependant deux aspects originaux par rapport à d'autres situations de conception.

- Ces processus de conception incluent des processus de négociation, ce qui constitue un point commun à toutes les situations de conception. Cependant, ces processus de négociation sont particuliers du fait que les acteurs sont très indépendants et qu'ils pourraient choisir à tous moments de s'absenter du processus de conception collectif. Les négociations entre individus, mais plus encore entre groupes professionnels, sont souvent difficiles et comportent des enjeux qui vont jusqu'à la survie en tant que groupe professionnel. Des consultations individuelles, des conversations ont lieu parallèlement au processus principal et visible constitué de réunions plénières ou de groupes de travail.

- Un autre aspect important et original de ces situations est que la conception est très imbriquée dans la mise en œuvre. C'est un processus social totalement imbriqué dans les différentes activités des acteurs indépendants. De nombreuses réunions ont lieu entre acteurs hétérogènes, entre ces réunions chacun retourne à sa pratique professionnelle personnelle, chaque communauté de pratique se trouve à nouveau confrontée au monde physique de sa pratique, se trouve contrainte d'agir dans la situation sur laquelle par ailleurs la conception collective s'exerce. Ainsi, pendant les années de 1988 à 1992 au lac de Grand-Lieu, entre les réunions, les pêcheurs continuaient d'aller pêcher et de constater la raréfaction des espèces nobles de poisson, les éleveurs continuaient à mettre leurs vaches à paître sur les prairies de plus en plus sèches et improductives. La conception, en quelque sorte, « mature » au fil des pratiques. Les uns et les autres sont confrontés à l'irruption dans leurs univers propres des conséquences de la situation, objet de la conception collective.

Cependant, les mises en œuvre étant relativement séparées, ni les problèmes de coordination (Malone et Crowston 1990) ni les processus de négociation ne nous semblent primordiaux dans ce type de situation, bien qu'ils soient évidemment omniprésents. Nous pensons, par contre, que les processus de conception collective sont essentiels.

Les concepts intermédiaires, support de la conception collective

Dans ces situations de conception collective, nous allons nous intéresser à certains concepts utilisés par les acteurs et qui jouent le rôle d'objets intermédiaires tels qu'identifiés dans des situations de conception industrielle classiques (Jeantet 1998). En effet, une des caractéristiques des situations de conception est d'impliquer l'utilisation d'objets intermédiaires dans la communication et les négociations entre les co-concepteurs. La définition que nous propose Jeantet (1998) des objets intermédiaires pour la conception : « Il s'agit des objets produits ou utilisés au cours de processus de conception, traces et supports de l'action de concevoir en relation avec outils, procédures et acteurs » situe bien ces objets au cœur du processus de conception. Ces objets sont des entités abstraites des cours d'action et n'ont pas de statut substantiel externe et antérieur à l'action.

Les concepts intermédiaires pour la conception (CIC), que nous proposons, jouent le même rôle que les objets intermédiaires pour la conception (OIC) proposés par Jeantet (1998). Le passage que nous proposons d'objet intermédiaire pour la conception à concept intermédiaire pour la conception correspond au passage de l'artefact à l'artefact cognitif proposé par Norman (1993).

L'articulation entre les points de vue dans le processus de conception collective ne se fait pas, alors, autour d'un objet comme un schéma de CAO, mais autour d'un concept-clé. Ce concept représentant l'objectif collectif permet notamment à chaque acteur d'évaluer celui-ci avec ses propres contraintes.

- Il découle de toutes les connaissances sans pour autant découler de l'une d'entre elles en particulier.
- Il ne nécessite pas de comprendre la totalité du système pour être adopté par un acteur.

Il est le résultat de négociations entre les différents points de vue des acteurs et doit permettre de porter ces différents points de vue. Ainsi, le concept de « niveau d'eau » utilisé entre les acteurs du lac de Grand-Lieu, qui physiquement représente la hauteur d'eau en centimètres du lac, a-t-il permis d'intégrer les différents points de vue, comme nous allons le détailler par la suite. Ce concept de niveau d'eau a été précisé après un réel travail de caractérisation de la situation future (il était au départ de 40 cm et non 22 cm, en fonction des exigences des différents points de vue), mais sous le registre particulier de la prévision scientifique et sans avoir intégré les points de vue des nombreux autres acteurs (Jeantet 1998). Les concepts intermédiaires doivent être facilement identifiables et observables par tous les acteurs. Ils ont une signification dans chacun des univers d'action des partenaires, mais ne sont la traduction opérationnelle directe d'aucun d'entre eux.

Pourquoi parler de concept et non d'objet ? Il ne s'agit pas d'évacuer la matérialité de l'objet, mais d'évoquer la polysémie de l'abstraction évocatrice qui lui permet d'être reprise et de faire sens dans différents univers d'action. De ce point de vue, le CIC présente la fonction de faire sens comme le « signe » de Peirce (1960). Dans les situations de gestion, le signe peut ainsi être observé comme un passage entre plusieurs univers, interprété différemment dans chacun d'entre eux en fonction des interprétants (Teulier 2000).

Les conditions d'émergence d'un concept intermédiaire : le lac de Grand-Lieu

Pour le lac de Grand-Lieu, le concept intermédiaire qui a servi de support aux processus de conception collective est le « niveau d'eau au printemps ». Ce concept a été en concurrence dans une première phase du travail (1980-1990) avec d'autres concepts comme celui d'envasement ou de durée d'ouverture de l'écluse. Il émerge dans une phase de travail où sont discutés 4 scénarios (1990-1992). De 1995 à 2003, il sert de référence pour tous les acteurs engagés dans l'action collective de la restauration du lac.

Différentes étapes dans les discussions ont précédé l'apparition du concept intermédiaire du niveau d'eau au printemps. En 1980-1981, l'attention du groupe retient la vitesse de sédimentation, la productivité végétale et le rétablissement des courants. Observons que ce sont des concepts très marqués par le point de vue écologique. En 1985-1986 le groupe s'intéresse à l'équilibre des populations piscicole et avicole, les concepts qui semblent clefs sont alors le taux de poissons blancs, nobles, la surface couverte par les nénuphars et la durée d'ouverture de l'écluse.

En 1990-1992, la situation écologique s'aggrave et conduit à définir un plan de sauvetage. Quatre scénarios sont établis collectivement, il s'avère qu'ils correspondent à 4 hauteurs d'eau printanière. Le concept de « niveau d'eau » apparaît donc comme le concept qui permet de « typer » les différentes situations, de structurer les scénarios. Construire des scénarii dans une conception prospective est une manière très productive d'organiser les situations de conception (Carroll 2001). Carroll propose ainsi :

> [...] pourquoi les scénarii se sont-ils répandus comme représentations pour la conception ? [...] 1) Les scénarii sont concrets en ce sens qu'ils sont appréhendés comme un simulacre de l'activité réelle de médiocre fidélité, mais 2) flexibles en ce sens qu'ils sont facilement créés, élaborés, et même, éliminés. 3) Les scénarii maintiennent la discussion de conception centrée sur le niveau de l'organisation de la tâche que les acteurs expérimentent dans leurs tâches (les tâches de 'base' au sens de Rosch *et al.* 1976) 4) ceci rend la tâche plus facile pour tous les partenaires de la conception, notamment les utilisateurs finaux qui peuvent ainsi participer pleinement, et 5) cela crée une représentation de conception convergente et orientée sur l'usage, qui peut être réutilisée tout au long du processus de développement du système.

C'est la première apparition du concept « niveau d'eau au printemps » qui deviendra par la suite le concept intermédiaire, support de la conception collective. Au départ, il n'est qu'une sorte de point de repère commun qu'on retrouve dans les 4 scénarios. La discussion autour des scénarii permet la première apparition du concept de « niveau d'eau au printemps » parce qu'alors, les partenaires se projettent dans une prospective à la fois collective et individuelle. Ce point d'articulation devient alors le concept intermédiaire, élément clef de l'articulation de la conception collective. Initialement, il apparaît comme une référence commune aux quatre scénarios, puis il apparaît progressivement comme un point d'articulation majeur. Ainsi dans le groupe pour la restauration du lac de Grand-Lieu, l'usage du CIC est lié à l'utilisation de scenarii. Le CIC apparaît comme nécessaire pour évaluer des situations concrètes et les scénarii pour aider les acteurs à se projeter dans ces situations. Le CIC est un point particulier, un nœud d'articulation dans le scénario mais les deux (scénario et CIC) ont une fonction similaire de réorganisation de la conception collective. On peut considérer, que les scenarii sont des outils plus globaux que les CIC.

Chaque « point de vue métier » donne ses contraintes pour établir ces scénarios et les lit, en retour, au prisme de ses propres contraintes. Du point de vue des écologues, différents modèles d'hydrobiologie, de biologie végétale, de dynamique des populations sont mobilisés (Paillisson *et al.* 2002). Du point de vue des agriculteurs, la capacité des riverains à accepter les contraintes d'utilisation des prairies est évaluée et discutée, un cahier des charges techniques est dressé. Une phase de discussion s'instaure sur ces quatre scénarios. Un seul des quatre scénarios peut satisfaire tous les acteurs, traduit en termes d'indicateurs ou d'objectifs d'action, ou encore de résultats d'action, il s'exprime à travers les items suivants :

- Hausse de 40 cm du niveau d'eau printanier (objectif de hauteur d'eau du lac, nous verrons que c'est cet objectif mais revu à la baisse qui va devenir le concept intermédiaire, parce que le plus évocateur pour les différents points de vue) ;

- Diviser par 10 la teneur en phosphore et en azote des eaux du lac (objectif en termes de taux résiduels dans les eaux du lac) ;

- Désenvaser le lac (objectif d'action non quantifié).

En 1993-94, le plan de sauvetage pour lequel les 4 scénarios avaient été discutés échoue parce que les financements publics escomptés ne sont pas obtenus et les travaux du groupe sont mis en sommeil.

En 1995, une autre source de financement apparaît possible, mais elle ne permet pas d'envisager le plan de sauvegarde prévu, il faut le réviser. Une nouvelle version du plan de sauvetage est donc rediscutée. Le concept central est toujours le niveau d'eau au printemps, mais il est revu à la baisse, c'est à dire 22 cm au lieu de 40 cm. Le concept du niveau d'eau au printemps se confirme comme celui qui rassemble les acteurs et organise leurs interactions.

Quatre ans après l'application de ce nouveau scénario, les résultats sont meilleurs que ceux auxquels les écologues ne s'attendaient. Les différents groupes ont pu articuler leurs actions autour de l'objectif de 22 cm et les connaissances scientifiques ont été revues : 22 cm permet déjà d'obtenir des résultats notables qui marquent la réversibilité des processus d'eutrophisation du lac (Marion et Paillisson 2003).

On peut tenter effectivement de dessiner des phases que l'on retrouve plus ou moins sur les différents terrains que nous avons abordés ici. Il faut cependant être prudent sur ce « découpage » assez aléatoire sur des situations très variées et très contextualisées. Ces quatre phases peuvent aider les observateurs à se construire une lecture de la situation de conception, mais ce ne sont que des repaires empiriques. Certains peuvent, suivant les situations, être absents ou exprimés de façon très brève et fugitive.

- 1re phase : les divergences s'expriment sur d'autres concepts qui s'avéreront non utilisables comme CIC. Cette phase pourrait correspondre à la phase de cadrage proposée par Raulet-Crozet (1999). Comme le signale Raulet (1993), le fait de s'en tenir à poser le problème de façon « la plus simple possible » avec les principaux protagonistes ne permet pas de s'acheminer vers une solution, c'est au contraire en complexifiant le problème et en y incluant tous les acteurs qu'on s'achemine vers une solution.

- 2e phase : apparition du concept intermédiaire qui sera pertinent pour la conception collective, après une concurrence temporaire avec d'autres concepts. Les concepts concurrents de celui de « niveau d'eau au printemps » ont été : l'envasement, les taux de phosphore et de nitrates (Marion et Brient 1998), et la dynamique des populations de poissons. À d'autres périodes, d'autres concepts comme la réduction de la productivité des nénuphars, l'éradication du botulisme ou l'augmentation de la productivité agricole ont été également des concepts candidats à ce rôle de concept intermédiaire. Mais tous ont été trop marqués par un point de vue particulier, trop spécifiques. Ils ont donc été utilisés un moment, mais n'ont pas réussi à s'imposer comme concepts intermédiaires pour tout le groupe.

- 3e phase : c'est la phase de stabilisation, ce concept devient le concept central. En fait, le concept de « niveau d'eau au printemps » est lié à la baisse effective de la productivité des nénuphars, à l'enrayement du botulisme et à l'augmentation de la productivité agricole. Il permet donc d'exprimer, sous une forme acceptable et actionnable par tous, les préoccupations qui avaient émergé dans les discussions, notamment à travers les concepts concurrents.

- 4e phase : les groupes se réorganisent et reformulent leurs positionnements dans leurs univers. Les différentes connaissances et les différents savoirs en action peuvent s'investir à la fois dans le concept intermédiaire et dans une résolution de problème qui s'articule autour de lui.

Concernant les objets intermédiaires, Jeantet (1998) propose de distinguer trois états, depuis 1) les besoins exprimés, 2) les solutions calculées, 3) le produit dessiné. Jeantet propose une analyse du processus de « traduction » à travers la transition d'un état à un autre. En reprenant ces états pour le cas du lac de Grand-Lieu, nous illustrons cette démarche. Mais nous pensons que les phases chronologiques que nous proposons sont plus adaptées à la lecture des situations hétérogènes de conception collective.

Objectifs exprimés	Objectifs calculés (calculés scientifiquement)	Objectifs négociés (les contraintes de la mise en œuvre pèsent davantage dessus)
Eau transparente	Hauteur d'eau	Niveau d'eau
	Hauteur maximale d'envasement	Dévasement
Pâturages disponibles	Temps de repos, repousse de l'herbe	Nombre de jours de pâturage et Moments cruciaux de disponibilité
	Productivité en herbe	
Niveau du phosphore et des nitrates	Ouverture des vannes	Baisse d'épandage des nitrates

Caractéristiques des objets / concepts intermédiaires pour la conception collective

Nous l'avons vu, les concepts intermédiaires apparaissent après une phase de recherche en commun de solution et une certaine confrontation des points de vue. Si les partenaires doivent les construire dans les premières phases de leurs interactions, leur construction prend un certain temps. Cette construction n'est pas explicite, c'est au fil des discussions et des confrontations que le concept intermédiaire se stabilise peu à peu et qu'il s'impose.

Une fois trouvé, le CIC est stable et permet d'articuler les points de vue. Le concept intermédiaire est sans cesse réactualisé, remis à jour, renouvelé, revisité. En même temps il a une grande stabilité et une grande robustesse, puisqu'une fois établi entre les acteurs, il demeure le point fixe par lequel passent leurs échanges et le fondement des différentes propositions de conception qu'ils proposent.

Le concept intermédiaire doit être en cohérence avec les autres concepts centraux des échanges et de l'élaboration collective des acteurs, en particulier il n'élimine pas complètement les autres candidats CIC, il les réorganise. Il doit être en cohérence avec tous les autres critères des divers univers d'action.

Le CIC, comme l'OIC, joue un rôle charnière dans la conception collective. Le concept intermédiaire constitue le lien entre les propositions et permet de tester des solutions. Autour de lui sont prises en compte ou redéfinies les contraintes des agriculteurs, des pêcheurs et des gestionnaires de la réserve et se jouent les négociations nécessaires à la conception d'une solution collective. Les concepts comme les objets intermédiaires de la conception permettent que l'élaboration de la solution s'opère dans la confrontation permanente entre les différents acteurs, ils permettent une intégration des points de vue et une conception coopérative. Les CIC sont produits, circulent, orientent, contraignent ou sont mis à l'épreuve, critiqués, corrigés, complétés, bref constituent un support au travail des acteurs.

En utilisant cette notion de concept intermédiaire, ce n'est pas le concept seul, statique, simple indicateur, c'est le concept comme lieu de passage entre les différents scénarios, articulation de systèmes d'action coordonnés qui nous intéresse. Les concepts intermédiaires pour la conception jouent un rôle pour situer les acteurs par rapport au collectif. Dans le processus de conception collective, l'idée ou la contrainte échappe à son auteur, c'est à ce prix qu'elle devient objet pour le collectif. Et les autres acteurs sont confrontés à ce sous-ensemble d'exigences. Pour que le bassin versant et les zones inondables du lac soient entretenus, il faut de l'élevage et pour l'élevage, il faut des jours disponibles et donc une ouverture des vannes. Les CIC, comme les OIC ne transmettent l'intention de leur auteur qu'en la transformant (Jeantet 1998).

Après que le concept intermédiaire du niveau d'eau au printemps ait été bien établi et que chacun l'ait bien retraduit dans ses propres systèmes d'action, il passe d'objectif à atteindre et d'objet de négociation à celui de référence, de contrôle et il n'est consulté que de façon intermittente ; chacun étant absorbé par la mise en œuvre de ce que le choix collectif implique dans son propre système d'action. La caractéristique importante que doit présenter le CIC pour la conception collective hétérogène, c'est d'être *actionnable* (Argyris 1993, 1996) dans chacun des registres d'action des acteurs concernés. Il faut qu'il y devienne instrument au sens de Rabardel (1995), et non seulement qu'il permette la communication. Il faut que les acteurs « aient prise » sur cet objet.

La confrontation du CIC aux objets physiques se produit dans chacun des univers

Le concept intermédiaire s'articule avec les connaissances techniques, mais aussi les savoir-faire et l'action des différents acteurs. Pour les pêcheurs du lac de Grand-Lieu, le niveau d'eau est devenu un indicateur auquel ils ont confronté toutes leurs observations sur les poissons, sur leurs prises au fil des mois : transparence de l'eau, repopulation de certains endroits en fonction des courants, etc. De même, les éleveurs « pensent » le niveau d'eau au printemps en termes de pousse de l'herbe et de nombre de jours de pâturage possibles. Pour eux, le concept de niveau d'eau correspond en fait à son complément sur les prairies : il exprime la surface de prairie inondable « découverte ». Cette transformation de niveau d'eau en surface d'herbe s'opère naturellement et le concept de « niveau d'eau » est parfaitement opérant, même pour les acteurs qui ne s'intéressent pas directement à l'eau, mais justement à son absence.

De ce fait, les concepts intermédiaires font l'interaction avec le monde physique, le contexte concret d'action de chacun des acteurs. Quand ils sont utilisés par les interlocuteurs, ils représentent leurs contextes d'action, les objets physiques auxquels ils se confrontent, avec leur propre problématique d'action. Ce renvoi du concept intermédiaire à un objet biophysique est important, c'est son ancrage. Cependant, le concept ne peut se résumer à l'objet biophysique, parce que celui-ci est multiple dans les visions des acteurs. Alors que l'objet intermédiaire comme un schéma en 3D se réfère à la pièce mécanique de façon quasi-bijective, le concept intermédiaire laisse plus de place à l'interprétation des acteurs. Tout se passe comme si le concept intermédiaire était « investi » de plusieurs visions, de plusieurs projets sur le même objet biophysique.

Dans cette relation à un objet physique du concept intermédiaire, se joue aussi l'articulation entre l'individuel et le collectif. Nous avons souligné que l'objet physique est « vu » d'une certaine façon dans un univers d'action. Ainsi, les agriculteurs auront tous la même perception du niveau d'eau à travers celui de la surface herbagère disponible, c'est en quelque sorte un point de vue « métier » qu'ils partagent sur la situation et sur l'objet intermédiaire. Par rapport au collectif global, la relation à l'objet physique est plus complexe et elle rejoint le cœur de la justification de l'emploi de concept intermédiaire. Il faut bien que tout le monde se réfère plus ou moins au même objet physique : le niveau d'eau, le taux d'azote à la racine, les crêtes, les routes et les vallées des Cévennes. C'est là une différence avec l'OIC. Pour celui-ci, les différents points de vue s'expriment par des exigences sur des propriétés ou des formes que l'on peut exprimer dans un univers commun : les schémas en 3D. Alors que dans les situations que nous évoquons ici, l'espace biophysique est plus complexe et encore plus « multiple » que le schéma en 3D d'une pièce de mécanique, même avec plusieurs composants.

Pourquoi argumentons-nous qu'il s'agit d'un concept et non d'un objet ? Parce que sa polyvalence dans plusieurs univers est plus importante que sa présence physique. Cette polyvalence signifie que c'est parfois plus les conséquences de ce concept (par exemple celui du niveau d'eau) que sa traduction physique qui est signifiante dans chaque univers. Cette faculté de faire signe dans plusieurs univers peut faire penser au signe des pragmatistes. Ces concepts sont utilisés par les pragmatistes, notamment Peirce (1960) : « La signification d'un concept, c'est l'ensemble des actions qui peuvent être construites à partir de lui ». Le CIC émerge comme un outil, il n'est pas le but du groupe ni l'objet principal de préoccupation dès l'émergence de la situation comme pouvait l'être la coquille St Jacques dans le cas de la baie de St Brieuc. L'équivalent de la coquille St Jacques serait dans les cas étudiés ici la restauration du lac ou la reforestation du col de Portes.

Pour être mobilisés par les acteurs, à la fois dans les échanges collectifs et dans leur pratique individuelle, ils doivent être non seulement facilement observables, mais aussi facilement mesurables de façon à constituer des repères pour l'action. Pour autant, les CIC ne sont pas assimilables à des indicateurs, car il n'y a pas d'abaques. Ce n'est pas par la mesure qu'ils représentent dans une situation donnée (niveau d'eau à 22 cm au printemps, ou taux d'azote à 10 cm sous les racines) qu'ils sont opératoires. C'est par le concept même, indépendamment d'une position sur une échelle de mesure.

Le lien physique a d'autant plus d'importance que dans les situations que nous évoquons, la mise en œuvre est imbriquée dans la conception. Il ne s'agit pas de concevoir un prototype sur lequel on pourra encore réfléchir. Il s'agit de modifier les activités et les comportements et d'agir d'emblée sur le monde biophysique pour le modifier. La conception n'est pas ainsi une étape séparée de l'action, il y a des va-et-vient incessants entre cette conception collective et l'activité individuelle (elle-même soumise à re-conception dans les conditions nouvelles) et collective. Le concept correspond à un objet concret général (le niveau d'eau) qui correspond à d'autres objets concrets « clefs » dans chaque univers : temps de disponibilité des prairies pour les agriculteurs, transparence de l'eau et baisse des nénuphars pour les promeneurs, désenvasement et équilibre poissons blancs et poissons nobles pour les pêcheurs.

L'importance de la matérialité de l'objet se retrouve dans les situations de conception classique. Ainsi, Prudhomme *et al.* (2004) font remarquer que la conception est une activité de production d'artefact et que les concepteurs font constamment référence à des configurations physiques connues. Le rapport à la matérialité de l'objet est constant et très fort. Une instrumentation vient souvent souligner encore plus ce rapport à la matérialité de l'objet. Dans les trois cas que nous relatons ici, une instrumentation s'est mise en place pour concrétiser le CIC. Il ne faut pas confondre cependant cette instrumentation concrète avec le fait que le CIC soit lui-même un « instrument », c'est-à-dire qu'il soit associé à des schémas d'action chez l'acteur pour qui il a pris cette fonction d'instrument (Rabardel 1995).

Cas	Concept	Instrumentation
Lac de Grand-Lieu	Niveau d'eau au printemps	Un « mètre »
Col de Portes	À 3 zones de risque différent, 3 traitements différents.	Carte de zonage
Vittel	Nitrates aux racines	Bougie poreuse

Les trois instrumentations concrètes : la bougie poreuse, la carte de zonage et la mesure de niveau d'eau accentuent par ailleurs l'inscription des CIC dans les domaines d'action des différents acteurs du collectif hétérogène.

Les concepts intermédiaires comme objets frontières

La notion de concept intermédiaire comme celle d'objet intermédiaire (Jeantet 1998) a plusieurs points communs avec ceux d'objets frontières (Star 1989) et d'objets hybrides (Latour 1991). L'élargissement que nous proposons ici à travers la notion de concept intermédiaire peut être sujet à discussion puisqu'il opère un passage d'un objet physique à un concept abstrait. Nous argumentons que les concepts intermédiaires peuvent jouer un rôle similaire à celui des objets physiques ou virtuels (Eckert et Boujut 2003) dans les activités de conception, à condition d'avoir les caractéristiques que nous avons décrites précédemment.

Star se réfère aux groupes hétérogènes comme ayant des « définitions de la situation » très différentes et qualifie comme problèmes hétérogènes, les problèmes qui incluent de multiples points de vue. Elle propose le concept d'objet frontière comme essentiel pour résoudre ces problèmes :

J'appelle ces objets « objets frontières », et ils sont une méthode privilégiée de résolution des problèmes hétérogènes. Les objets frontières sont des objets qui sont assez plastiques pour, à la fois, s'adapter aux besoins locaux et aux contraintes des différentes parties qui les emploient, mais aussi assez robustes pour maintenir leur identité permanente à travers les sites. Ils sont faiblement structurés dans l'usage commun et deviennent fortement structurés dans les usages individuels.

Ce qui est intéressant dans l'acception de Star, c'est la permanence de l'identité de l'objet et sa souplesse. Permanence de l'identité et robustesse, puisqu'il peut servir de point nodal aux échanges de façon durable et sur plusieurs univers. Et souplesse, puisqu'il présente à la fois cette double facette qui permet une sorte de distorsion essentielle pour l'articulation entre des domaines d'action différents. Le côté faiblement structuré dans l'usage commun permet les ajustements mutuels et le côté fortement structuré dans l'usage individuel permet l'opérationnalité et autorise des développements fructueux.

Non seulement le CIC donne un angle d'attaque à chaque acteur pour s'engager dans un processus de conception dans son univers, mais du fait qu'il est significatif pour les autres, il permet de nouvelles associations de concepts et permet de créer des connaissances : « *La conversation peut évoquer de nouvelles associations, connexions et intuitions –*

elle peut générer de nouvelles perspectives et un nouveau sens » (Cook et Brown 1999, p. 393). Cet échange entre les points de vue et entre les genres est une forme de savoir en action collectif comme le soulignent Cook et Brown : « *Le savoir en action (knowing) implique l'utilisation de la connaissance comme un outil dans l'interaction avec le monde* ». On peut voir, à travers la permanence du CIC dans le travail de groupe, le fait qu'il structure les échanges dans le groupe et les interactions du groupe avec le monde. Ainsi, la carte de zonage dans le cas des Cévennes fut construite par un groupe de travail composé de forestiers, d'agents de développement, de pompiers, d'experts cynégétiques et de chercheurs. Avant de concevoir une carte commune, les participants ont pris part à un certain nombre de réunions, ainsi qu'à des visites de terrain organisées par chacun d'entre eux afin d'illustrer ce qui paraissait particulièrement important de leur point de vue. Ce processus a pris six mois en 1986. Dans une deuxième phase, cinq ans après, le groupe a éprouvé le besoin d'un travail réflexif et a repris contact avec les chercheurs pour ce travail ; la carte de zonage était toujours utilisée par le groupe et a été au centre des échanges dans cette nouvelle phase réflexive.

Le CIC renouvelle la façon de se poser les problèmes de chacun dans son univers. Chacun peut s'investir en réflexions et hypothèses pour résoudre, dans la sphère de sa propre action, le problème posé à tous. Chacun peut réinvestir la situation de crise à la fois avec ses connaissances et ses savoirs en action. Non seulement le CIC donne un angle d'attaque cognitif à chacun pour reconstruire son propre point de vue. Mais il donne aussi une légitimité à re-concevoir une nouvelle situation avec un renouvellement des rôles. Cette facette sociale du CIC permet de sortir du conflit : les acteurs ne sont plus rivés à une position caricaturale et crispés sur une position qu'ils ont à « défendre ». Ils sont projetés dans une nouvelle « définition » collective de la situation dans laquelle ils peuvent repenser leur point de vue et dans laquelle ils ont une légitimité à proposer ce nouveau point de vue au collectif. Le CIC renouvelle donc la situation non seulement sur la plan cognitif mais aussi sur le plan des légitimités sociales. Ils participent ainsi à dynamiser les points de vue et à les légitimiser dans le collectif.

Les concepts intermédiaires articulent connaissances et savoir en action

Parce qu'ils sont observables dans la plupart des situations et qu'ils sont des attracteurs des échanges dans la confrontation de points de vue, des nœuds de la cognition collective, les CIC sont un bon moyen d'assister ces situations. Facilement repérables par tout intervenant un peu expérimenté, ils offrent une « prise » sur le fonctionnement du groupe et plus précisément sur l'évolution de l'activité de conception du groupe.

Ils permettent que s'articule autour d'eux la *'danse générative'* (Cook et Brown 1999) entre des connaissances de différents types et les processus d'apprentissage collectifs nécessités par les « dispositifs » mis en place (Lundlin et Midler 1998). Dans le cas du lac de Grand-Lieu, l'articulation des connaissances scientifiques avec les différentes connaissances techniques et savoir-faire des acteurs, avec leur apprentissage de l'action collective est particulièrement intéressante. Ce sont les interactions, les échanges réitérés entre les différentes connaissances, par exemple les connaissances scientifiques du chercheur, les connaissances techniques des éleveurs et les savoirs en action du gestionnaire de la réserve et des partenaires, ainsi que les élaborations collectives et les points de vue des différents acteurs qui génèrent une situation nouvelle.

Le concept intermédiaire de niveau d'eau au printemps exprimant l'objectif général a permis la construction de nouvelles connaissances scientifiques : on passe de l'objectif de 40 cm d'abord visé à celui de 22 cm, les connaissances sur les oiseaux incluent leur consommation de limnées (Marion *et al.* 2001), etc. Les problématiques scientifiques et les questions de recherche se posent d'une nouvelle manière et dans une perspective générative (Roling 1990 ; Hubert et Bonnemaire 2000). Ainsi, non seulement la connaissance est un outil pour le savoir en action mais le savoir en action génère de nouvelles façons de construire de la connaissance. Y compris des connaissances scientifiques, en les requestionnant à l'épreuve de situations nouvelles. Les connaissances de chacun sont replacées dans un nouveau contexte collectif, mais il faut aussi, pour pouvoir agir, générer de nouvelles connaissances qui font le lien entre les connaissances en cours et l'action collective. Le niveau d'eau au printemps s'impose comme un nouvel objet qui permet et porte le dialogue à la fois entre les individus et entre les différentes connaissances de chacun des individus.

Cette articulation entre connaissance et savoir en action peut être utilisée dans l'animation du travail de conception collective. Ainsi dans les Cévennes, seul le groupe plénier a une légitimité politique. L'animateur organise deux sous-groupes de travail : la cellule technique et les experts extérieurs. La cellule technique, à composition fixe, comprend des personnes en situations de travail, les participants doivent leur présence à leur implication concrète dans des activités touchées par le reboisement. L'animateur a cherché à mettre en avant le savoir en action, y compris en faisant « déconstruire » des connaissances qui peuvent être un obstacle à l'attention portée au savoir en action, ou en limitant leur expression. L'animateur a mis les porteurs de connaissances en situation de savoir en action en les faisant participer à la cellule technique. De la même façon, dans le cas du lac de Grand-Lieu, le chercheur en écologie, en tant que porteur de connaissances d'écologue, se trouve mis en situation de savoir en action lorsqu'il devient animateur de groupe et de directeur de la réserve du lac de Grand-Lieu.

Par leur articulation de l'action collective, les concepts intermédiaires sont indispensables au savoir en action et à l'action collective

Dans les situations de conception collective, l'émergence des concepts intermédiaires et le fait que l'action collective se fonde sur eux sont une condition pour s'acheminer vers une solution nouvelle qui soit collectivement satisfaisante pour un temps donné. Les situations de crise non dénouée ou dénouée sur des solutions qui laissent une partie des protagonistes trop insatisfaits sont entre autres celles où la conception collective n'a pas pu avoir lieu et où aucun concept intermédiaire n'a pu apparaître. Pour qu'un CIC puisse apparaître, il faut que le problème soit posé comme problème collectif et qu'il le soit par des protagonistes légitimes à le poser.

Chaque métier donne lieu à un ou plusieurs points de vue (Martin *et al.* 2001) et chaque « point de vue métier » donne ses contraintes. Cependant, il ne faut pas voir pour autant une situation égalitaire et dénuée d'enjeux sociaux. Dans le cas du lac de Grand-Lieu, le chercheur en écologie a un pouvoir légal de directeur de réserve, sa légitimité d'écologue est d'un autre ordre. Sur place, ce n'est pas en tant qu'éco-logue qu'il est légitime. Dans les Cévennes, l'animateur est légitime parce qu'il est missionné par le ministre. Et dans le dossier Vittel, l'INRA vis-à-vis de l'entreprise Vittel est légitime pour traiter de l'eau et de l'agriculture, mais elle est contestée comme intervenante dans le milieu agricole par la Chambre d'agriculture.

La solidité des CIC vient de leur mise à l'épreuve dans l'action. Le concept étant créé dans et pour l'action collective, il est mis à l'épreuve immédiatement. Il est utilisé sans délai par les différents acteurs à la fois dans leur propre univers cognitif, dans leur « activité métier » et pour l'expression de leur point de vue dans le collectif hétérogène. Il doit leur servir à mettre en valeur leur point de vue vis-à-vis des acteurs ayant un point de vue différent, sinon il sera abandonné. Dès qu'un concept est réutilisé par d'autres acteurs que ceux qui l'ont énoncé en situation réelle, il est déjà réapproprié dans une situation d'action collective. En résumé, pour être adopté, le CIC doit être « actionnable » au sens de

Argyris (1996) pour chaque point de vue. Et pour s'établir de façon durable, il doit permettre d'exprimer chaque point de vue avec suffisamment d'efficience à la fois dans la réorganisation de chaque domaine d'activité et dans les échanges et le travail collectif.

Si le CIC potentiel ne convient qu'à une partie des acteurs, il n'est pas repris par les autres dans les échanges et, ne se révélant pas un bon outil pour se faire comprendre, il est abandonné même par ceux qui ont commencé à l'utiliser. Dans les échanges collectifs, les acteurs émettent des propositions en cherchant à faire comprendre leur point de vue et à le rendre « adoptable ». Par ailleurs, lors de leurs échanges, des interlocuteurs cherchent à vérifier qu'ils ont bien une compréhension commune du « terrain commun» de l'interaction (*grounding*) (Clark et Brennan 1993). Le CIC réorganise ce terrain commun en le structurant.

On voit que dans ce type d'action commune, il ne s'agit pas seulement entre les acteurs d'ajustement mutuel au sens de Mintzberg (1981), ce qui importe c'est l'unicité de contenu de l'action obtenue par confrontation entre des logiques différentes. Il ne s'agit pas de coordonner ou de planifier, mais de mettre en rapport des compétences diverses porteuses de contraintes hétérogènes dans la définition d'un cadre commun d'action. Dans le cours de l'action de conception (Jeantet 1998), les connaissances issues des modèles scientifiques, les contraintes des différentes professions, les contraintes techniques imposées par les contraintes financières sont des modèles de référence qu'on s'efforce d'approcher, mais qu'on remet en cause avec d'innombrables aller et retour.

Le concept intermédiaire comme alternative aux représentations partagées

La notion de concept intermédiaire pour la conception permet de s'affranchir de la notion de représentation partagée qui, dans les situations que nous décrivons, en particulier, est peu satisfaisante. Cette notion de « représentation partagée », mise en avant par les observateurs pour s'expliquer les processus d'échanges entre acteurs, a peu de fondements. Il ne s'agit, ni de représentation, ni de partage. Il ne s'agit pas de représentation puisqu'il y a bien un objet physique correspondant au concept et que c'est ce support très concret qui donne force au concept dans chaque univers. Mais le concept n'a pas de vocation à « représenter », de ce fait, son adéquation à ce qu'il représente, de même que l'adéquation des différentes représentations entre elles ne se pose pas. En particulier, il n'a pas besoin d'être « partagé » puisque chaque univers a sa propre cohérence, dans lequel le concept intermédiaire prend un sens différent.

Le CIC joue ainsi le rôle médiateur que jouent les représentations partagées. Le CIC est cependant beaucoup moins contraignant que les représentations partagées, et il permet de rassembler dans l'action des acteurs aux activités très différentes, sans que ceux-ci aient beaucoup à investir pour construire ces « représentations partagées ». Il est minimaliste comme articulation entre les acteurs : c'est une coquille vide que chacun nourrit de son propre univers. Cette perspective permise en remplaçant la notion de représentations partagées par celle de concept intermédiaire facilite la conception d'outils d'assistance au travail collaboratif.

Conclusion

Nous avons montré que les situations d'action collective hétérogènes sont des situations de conception où un collectif d'acteurs ayant des points de vue et des objectifs différents conçoivent ensemble une situation nouvelle qui redéfinit leurs actions individuelles.

Dans ces situations, un concept devient central pour l'activité de conception collective. Nous l'avons appelé concept intermédiaire en référence à l'objet intermédiaire de Jeantet (1998). Ce concept met un certain temps à émerger, puis il se stabilise et possède alors une grande robustesse dans la suite de l'action collective. Comme nous l'avons vérifié sur les trois cas revisités, le concept intermédiaire nous semble toujours présent dans les situations où l'on s'achemine vers des solutions acceptables pour tous les acteurs.

Comme Jeantet (1998), nous soulignons la valeur heuristique de l'entrée dans l'observation des processus de conception par les objets intermédiaires. Il est intéressant de repérer les concepts intermédiaires comme point d'entrée dans le travail d'observation des situations d'action collective hétérogènes pour voir comment les acteurs négocient, comment l'action commune se construit.

Les concepts intermédiaires constituent un bon critère d'articulation entre connaissance et savoir en action. Ils permettent de créer de la connaissance nouvelle et de concevoir l'action collective. Ils permettent d'articuler les points de vue. Ils sont facilement observables, mais doivent être aussi facilement mesurables pour être des repères pour l'action.

Ce lien entre connaissance et savoir en action, qui permet la génération de nouvelles connaissances, ne peut pas être conçu en dehors de l'action. Les situations collectives que nous observons sont des situations de conception et d'action collective.

* *
*

Nous remercions John Carroll pour les passionnantes discussions sur les situations de conception et Loïc Marion pour avoir partagé avec nous sa longue et double expérience de chercheur et de gestionnaire du parc de Grand-Lieu.

Bibliographie

Argyris, C., *Knowledge for action. A guide to overcoming Barriers to organizational change*, San Francisco, Jossey-Bass Inc., 1993.

Argyris, C., « Actionable knowledge : design causality in the service of consequential theory », in *Journal of Applied Behavior Science*, n° 4, 1996, p. 90-408

Boujut, J.F. Blanco, E., « Intermediary objects as a means to foster Co-operation in Engineering Design », in *Computer Supported Cooperative Work*, n° 2, 2003, p. 205-219.

Carroll, J. M., « Making use is more than a matter of task analysis », in *Interacting with Computers*, 2002, p. 619-627.

Callon, M., « Some elements For a Sociology of Translation : Domestication of the Scallops and the Fishermen of St Brieuc Bay », in Law J., *Power Action and belief : the new sociology of Knowledge*, Coll. sociological review monograph, University of Keele et Routledge and Kegan Paul, 1986.

Cook, S.D.N., Brown, J.S., « Bridging epistemologies : the generative dance between organizational knowledge and organizational knowing », in *Organization Science*, n° 4, 1999, p. 381-400.

Clark, H., Brennan, S., *Grounding in Communication. Readings in Groupware and Computer-Supported Cooperative Work*, San Mateo, Baecker R. Morgan Kaufmann Publishers, 1993.

Couix, N., Hubert, B., « Conditions for collective learning in a project to manage countryside : A 13 years experience of partnership between researchers and technicians in Cévennes (France) », in LEARN (dir.) *Cow up the tree : knowing and learning processes in agricultures of industrialised countries*, Paris, INRA Éditions, 2000.

Eckert, C., Boujut, J.-F. (2003) « The role of objects in design co-operation : communication through physical or virtual objects », in *Computer Supported Cooperative Work*, n° 2, p. 145-151.

Hubert, B., Bonnemaire, J., « La construction des objets dans la recherche interdisciplinaire finalisée : de nouvelles exigences pour l'évaluation », in *Nature Science et Société*, n° 3, 2000, p. 5-19.

Jeantet, A., « Les objets intermédiaires dans la conception. Éléments pour une sociologie des processus de conception », in *Sociologie du travail*, n° 3, 1998, p. 291-316.

Latour, B., *Nous n'avons jamais été modernes. Essai d'anthropologie symétrique*, La découverte, Paris, 1991.

Lundlin, R.A., Midler, C., *Projects as arenas for renewal and learning processes*, Kluwer Academic Publishers, 1998.

Malone, T. W., Crowston, K., « What is coordination Theory and how it help design cooperative work system ? », in F. Halasz, (dir.), *Proceedings of the ACM (Association for computing machinery) Conference on Computer supported cooperative work (CSCW '90)*, Los Angeles, 7-10 octobre 1990, p. 357-370.

Marion, L., Clergeau Ph., Brient, L., Bertru, G., « The importance of avian contributed nitrogen (N) and phosphorus (P) to Lake Grand-Lieu, France », in *Hydrobiologia*, n° 279-280, 1994, p. 133-147

Marion, L., Brient, L., « Wetland effects on water quality : input-output studies of suspended particulate matter, nitrogen (N) and phosphorus (P) in Grand-Lieu, a natural plain lake », in *Hydrobiologia*, n° 373-374, 1998, p. 217-235

Marion, L., Feunteun, E., Carpentier, A., Rigaud, C., « Modification of feeding strategies of Grey Herons (*Ardea cinerea* L.) in response to a major decline in the preyed fish community's biomass », in *Archiv. Hydrobiology_Verhand. Int. Verein. Limnol*, n° 27, 2001, p. 1-3.

Marion, L., Paillisson, J.M., « A mass balance assessment of the contribution of floating-leaved macrophytes in nutrient stocks in an eutrophic macrophytes-dominated lake », in *Aquatic Botany*, n° 75, 2003, p. 249-260.

Martin, G., Detienne, F., Lavigne, E., « Analysing viewpoints in design through the argumentation Process », Interact 2001, 11-13 juillet, Tokyo, 2001.

Mintzberg, H., « Organization design : Fashion or fit ? », in *Havard Business review*, 1981.

Newell, A., Simon, H.A., *Human Problem Solving*, Englewoods Cliffs, NJ, Prentice-Hall, 1972.

Nonaka, I., Takeuchi, H., *The Knowledge creating company*, Oxford, Oxford University Press, 1995.

Norman, D. A., « Cognition in the Head and in the World : an introduction to the special issue on Situated Action », in *Cognitive Science*, 1993, p. 1-6.

Peirce, C. S., *Collected papers*. Havard University Press, 1960.

Paillisson, JM., Reeber, S., Marion, L., « Bird assemblages as bio-indicators of water regime management and hunting disturbance in natural wet grasslands », in *Biological Conservation*, n° 106, 2002, p. 115-127.

Prudhomme, G., Boujut, J.-F., Pourroy, F., « Activité de conception et instrumentation des connaissances locales », in Teulier R., Charlet J., Tchounikine P. *Ingénierie des connaissances*, Paris, L'Harmattan, 2005.

Rabardel, P., *Les hommes et les technologies*, Paris, Armand Colin, 1995.

Raulet, N., « Definitions and redefinitions of an environmental problem : partners and Solutions », Conference Society for the Advancement of socio-economics, New York, 1993.

Raulet-Crozet, N., « Analyse cognitive de l'émergence d'une coopération : le cadrage, un forme cognitive globale "située" », VIII conférence de l'Association Internationale pour le Management Stratégique, 1999.

Röling, N., « The agricultural research-technology transfer interface : a knowledge systems perspective », in *Making the link : Agricultural Research and*

Technology Transfer in Developing Countries. Westview Press, Boulder, 1990.

Rosch, E., Mervis, C.B., Gray, W., Johnson, D., Boyes-Braem, P., « Basic objects in natural categories », in *Cognitive psychology*, n° 7, 1976, p. 573-605.

Teulier-Bourgine, R., « Managerial activity as design and cooperation processes : basic concepts », COOP '96 conference, Antibes, mai 1996.

Teulier, R., Cerf, M., « Modelling collective design in heterogeneous human networks at organisational level : a dynamic descriptive method. Workshop Design Modelling », Coop'2000 International Conference, Antibes, mai 2000.

Teulier, R., « Le passeur de signe », in Lorino P. *Enquêtes de gestion : À la recherche du signe dans l'entreprise*, Paris, L'Harmattan, 2000, p. 105-125.

Simon, H.A., « The structure of Ill Structured Problems », in *Artificial Intelligence*, n° 4, 1973, p. 181-201.

Star, S.L., « The structure of ill-structured solutions : boundary objects and heterogeneous distributed problem solving », in Gasser L., Huhns M., *Distributed Artificial Intelligence*, vol. 2, Londres, 1989.

Des concepts intermédiaires producteurs de sens pour la gestion environnementale

Une étude de cas sur les zones humides côtières en France

Patrick STEYAERT

Chercheur au département des sciences pour l'action
et le développement, Institut national de la recherche agronomique

Introduction

La plus grande participation des citoyens à la conception de l'action publique environnementale au travers de processus délibératifs se développe, à l'échelle européenne, notamment depuis la convention d'Aarhus (1998). Cette participation est cependant souvent conçue comme un moyen de convaincre de la pertinence des politiques ou comme devant contribuer à leur acceptabilité sociale. Mais elle peut aussi être vue comme « un type d'action publique qui opère par la mise en place, souvent territoriale, d'instruments de connaissance, de délibération et de décision peu finalisées *a priori* » (Lascoumes 1994, p. 1). Elle acquiert aussi un caractère de nécessité dès lors que les acteurs de l'action publique environnementale sont confrontés à de nombreuses incertitudes qu'il convient de réduire au travers de la mise en œuvre de nouvelles formes de « démocratie technique » (Callon 1998). Celles-ci mettent en jeu l'usage et la production de connaissances étroitement associées aux réalités sociales, écologiques et techniques des situations à gérer.

Dans cette perspective, nous considérons les changements de compréhension ou apprentissages entre acteurs comme des conditions nécessaires pour créer une capacité individuelle et collective au changement technique et social. Ainsi, prendre soin du processus délibératif signifie accroître la qualité des interactions sociales afin de renforcer leur capacité à générer des changements. Celle-ci dépend d'un ensemble de facteurs (The SLIM Project 2004) dont en particulier la configuration sociale des scènes de débat et les connaissances mobilisées dans leur faculté à opérer des « mises en équivalence » cognitives entre acteurs (Billaud et Steyaert 2004). Elle dépend aussi de la tension constante et récurrente entre la dimension « procédurale » des politiques dont le contenu porte sur l'organisation de dispositifs territoriaux destinés à assurer des interactions cadrées, des modes de travail en commun ainsi que la formulation d'accords collectifs et leur dimension dite « substantielle » qui est produite par une autorité centralisée définissant d'entrée les buts poursuivis et les moyens de les atteindre (Lascoumes et Le Bourhis 1998).

L'action collective est d'une part encadrée par le référentiel cognitif, normatif et instrumental que proposent les politiques (Muller 1997) et donne lieu d'autre part à des débordements. Ceux-ci peuvent correspondre par exemple à la contestation du référentiel proposé ou encore à son inscription dans un référentiel plus large que le simple problème traité afin de susciter une adhésion permettant une redéfinition des identités et de la place des acteurs dans la société (Muller 2000). Les situations d'interaction au sein de l'action collective sont alors déterminantes car elles constituent autant d'opérations de cadrage en vue d'organiser l'expérience et d'orienter l'action. C'est dans cette dynamique de cadrage-débordement (Callon 1997), que ce soit entre le référentiel politique et l'action collective ou au sein de cette dernière, que nous situons la question du rôle des objets. Qu'ils soient contenus dans la politique ou qu'ils émergent de l'action collective, quelle est leur capacité à générer des apprentissages croisés entre acteurs et à contenir les débordements ?

Ce texte analyse comment l'introduction d'un concept scientifique dans un processus délibératif a conduit les acteurs en présence à redéfinir la délimitation du périmètre d'une zone de conservation de la nature dans les marais de la façade atlantique et à modifier leur compréhension de la situation d'interaction et de ses enjeux. La situation particulière étudiée ici est celle de la conception du plan de gestion du site Natura 2000 (N2000) des marais de Rochefort. Après avoir présenté notre méthode de recherche et le cadre théorique mobilisé pour analyser cette situation d'interaction sociale, nous présentons brièvement l'étude de cas et les principales étapes de l'action collective. Nous décrivons ensuite le concept mobilisé et son utilisation en situation concrète d'action. Enfin, nous analysons plus en détail comment il est intervenu sur la dynamique de l'action collective en permettant de contenir les débordements et de proposer un nouveau cadre pour l'action.

Le dispositif de recherche N2000

Méthode de recherche

La concertation du site Natura 2000 de Rochefort démarre en janvier 2002 avec la première réunion du comité de pilotage, animé par le sous-préfet de Rochefort et composé de membres désignés, essentiellement des représentants institutionnels des différents intérêts en présence. Un nombre important de réunions sont ensuite organisées par les coordonnateurs pour informer les acteurs des marais et les inviter à prendre part au processus, pour discuter les enjeux et les actions à mettre en œuvre, pour construire la carte du site, ou encore pour sensibiliser les acteurs aux enjeux naturalistes sur le terrain. Ce travail a produit un matériel important consistant en comptes rendus de réunions, documents de travail, légendes et cartes, etc. La plupart des réunions ont aussi été enregistrées et le matériel textuel récolté. Des interviews d'acteurs-clés ont été menées pour saisir leur perception de la situation d'interaction et plus particulièrement leur point de vue sur le rôle de la construction de la carte dans ce processus. Enfin, nous avons été régulièrement en relation avec les coordonnateurs pour discuter de leur rôle dans la facilitation du dialogue entre acteurs. À cette occasion, le rôle des relations plus informelles que les coordonnateurs entretiennent avec les divers acteurs est apparu fortement. Ces relations très intenses à certaines périodes-clés du processus ont certainement joué une fonction importante dans la réduction des craintes ou des oppositions, dans la préparation d'accords, ou dans l'adaptation du dispositif de concertation. Nous avons des traces de ces événements, mais cela reste sans doute une limite à notre étude.

Le cadre théorique mobilisé pour comprendre des situations d'interaction sociale

L'analyse du corpus ainsi constitué s'inscrit dans la mouvance des travaux de Deverre *et al.* (2000) sur les situations de gestion concertée de l'espace rural. Ces auteurs considèrent que les objets techniques et naturels sont des produits sociaux et qu'ils produisent du social. Les phénomènes naturels comme les phénomènes sociaux ne sont pas directement et immédiatement accessibles : ils sont identifiables au travers de la production de connaissances et de valeurs. Sur le plan méthodologique, cela signifie qu'il convient d'accorder de l'importance à la façon dont les acteurs parlent des objets, comment ces énoncés se transforment ou sont traduits en situation lorsqu'ils sont discutés ou qu'ils circulent, et comment ces énoncés proposent de construire des liens entre le naturel et le social.

Ce travail d'énonciation est influencé par les caractéristiques de la situation d'interaction que nous considérons comme des situations d'action collective : le besoin d'agir (en réponse à une politique, à une crise, à l'acuité d'un problème à résoudre) crée la situation ; les interdépendances sous-jacentes au problème à traiter nécessitent la réunion d'une diversité d'acteurs ; les délibérations entre acteurs conduisent à reconstruire les liens entre objets naturels, techniques et sociaux. Dans ces situations, la mobilisation de connaissances établies et la production de nouvelles connaissances sont centrales car cela participe au changement de la manière qu'ont les acteurs de comprendre une situation qui fait problème. Ces connaissances sont communiquées et transportées par des objets tels que des cartes, des cahiers des charges, des tableaux ou figures, etc. Certains de ces objets nous intéressent, non pas comme « résultat » du travail de délibération mais comme « vecteurs » des transformations qui s'opèrent au sein du processus délibératif. Ces objets sont qualifiés « d'intermédiaires » (Jeantet 1998, Vinck 1999) car ils ont la capacité d'une part à fédérer une diversité de points de vue et à les traduire en énoncés concrets et d'autre part à révéler, voire à modifier, la position sociale des acteurs. Ils sont à la fois « facteur » et « produit » du processus de délibération, intervenant dans le processus de construction des problèmes lui-même et participant à la stabilisation des énoncés et des formes de coordination par la circulation des accords entre une diversité d'acteurs et de scènes d'interaction.

Dans cet article, nous voulons insister sur la capacité médiatrice des objets, c'est-à-dire sur leur valeur heuristique et épistémologique pour aider les acteurs à produire du sens pour l'action. Nous nous situons ainsi non plus dans une approche normative et évaluative des connaissances transportées par les objets – par exemple, une carte utilisée pour délimiter, classer, zoner, en somme pour « dire ce qui est » – mais dans une approche compréhensive et interprétative du rôle de ces objets dans les apprentissages qui s'opèrent entre acteurs – par exemple, une carte co-construite dans l'interaction pour « aider à penser ce qui devrait être ». Pour mieux mettre en évidence cette valeur heuristique des connaissances, nous proposons de distinguer les concepts des objets intermédiaires. En effet, nous considérons que les concepts sont « constitutifs » de la connaissance, c'est-à-dire qu'ils proposent une définition en fonction de laquelle la connaissance va être mobilisée, produite ou rejetée. Alors que le second terme mêle connaissances et concepts en proposant une représentation particulière d'une réalité. Il en va ainsi par exemple d'une carte représentant une zone humide : les connaissances que cet objet transporte se trouvent par exemple catégorisées dans la légende. Mais une telle carte serait impossible à construire sans l'existence du concept de « zone humide » qui permet l'assemblage et le tri des connaissances nécessaires. Ce sont ces concepts sous-jacents à la définition d'une réalité qui nous intéressent dans leur capacité médiatrice de points de vue hétérogènes. Ainsi, en suivant la distinction proposée par Hatchuel et Weil (2002) entre « espace des concepts » et « espace des connaissances », on peut considérer que : (i) un processus de conception démarre avec l'identification d'un ou plusieurs concepts d'action, c'est-à-dire un ensemble de mots désignant des objets, des produits, des tâches, etc.; (ii) l'action collective organisée autour de ces concepts nécessite la mobilisation et la production de connaissances ; (iii) le travail de conception est achevé lorsque l'espace des connaissances recouvre l'espace des concepts et ne nécessite plus la production de nouvelles connaissances.

Dans le travail de déconstruction-reconstruction que suppose la problématisation de la gestion de l'environnement entre acteurs hétérogènes, nous pensons que les concepts ne peuvent être proposés *ex ante*, comme c'est le cas souvent en conception industrielle (par exemple, la « voiture propre »). La production de concepts s'élabore sur des confrontations initiales entre acteurs (Teulier et Hubert 2004) et émerge du processus d'interaction, ou bien ceux-ci peuvent être introduits une fois que la situation permet la reconnaissance de leur utilité par les acteurs en présence.

Notre position de chercheur dans l'action collective

Insister sur la valeur heuristique des connaissances dans l'action conduit à interroger le rôle que peut jouer la recherche dans des situations d'interaction. Dans le cas de cette étude, nous avons principalement adopté une position d'observateur extérieur d'une action collective en train de se faire. Mais, à la demande des coordonnateurs ou à notre propre initiative, nous avons aussi adopté dans certaines réunions la position d'expert scientifique. Cette expertise n'a pas consisté à dire ce que l'on savait sur les processus écologiques ou agronomiques en débat mais à rendre compte, au fur et à mesure de l'évolution de la situation, de notre compréhension des transformations à l'œuvre et des facteurs permettant de les expliquer. C'est ainsi par exemple que nous avons indiqué aux coordonnateurs que la référence constante aux connaissances écologiques descriptives et aux outils de production de ces connaissances (les inventaires biologiques) durant les réunions renforçait la controverse existante sur les limites de site et ne permettait pas de problématiser la question de l'articulation à construire entre modalités de gestion et évolution de la biodiversité.

Observer et analyser la situation d'interaction nous a ainsi permis de créer les conditions pour introduire un concept intermédiaire et en analyser les effets. Nous avons dès lors adopté une posture de « recherche-intervention » (Hatchuel 2000) dont cet article rend compte. Nous retraçons brièvement ci-dessous les principales étapes de l'action collective afin de situer l'intervention dans la dynamique en cours et de mieux en comprendre l'origine et les conséquences.

N2000 : entre controverse écologique et conflit social

Le site N2000 de Rochefort

Le site N2000 n° 27 est situé en Charente-Maritime et couvre environ 13 500 ha dont une grande partie inclut le bassin de marais de Rochefort composé essentiellement de terres agricoles. Comme tous les sites N2000 de France, il a fait l'objet d'une double procédure de délimitation du périmètre sur la base d'inventaires biologiques d'une part et de conception d'un plan de gestion d'autre part. Bien que ces deux étapes aient été conçues initialement pour être menées de manière successive, les nombreux conflits tant locaux que nationaux portant sur la délimitation des sites ont considérablement retardé la phase déclarative (pour plus de détails sur la procédure et l'histoire de sa mise en œuvre en France, voir Pinton *et al.* 2006). Ainsi, dans le cas particulier de Rochefort, le premier comité de pilotage enclenchant le travail de conception du plan de gestion démarre ses travaux alors qu'une consultation des communes est toujours en cours pour valider les limites du site.

C'est dans ce contexte conflictuel de mise en œuvre que les deux coordonnateurs du site (en l'occurrence la Ligue de Protection des Oiseaux et la Chambre d'agriculture de Charente-Maritime) désignés par le direction régionale de l'environnement (DIREN) de Poitou-Charentes commencent leurs travaux. Ils ont pour objectif de construire le DOCOB (Document d'objectif) par un processus délibératif mettant en interaction une diversité d'acteurs avec différentes légitimités sociales (institutions, élus, représentants professionnels, propriétaires fonciers, usagers du territoire) et porteurs de différents intérêts (agriculture, chasse, pêche, gestion de l'eau, environnement, etc.). Nous retraçons brièvement ci-dessous les trois principales phases que nous avons identifiées dans la dynamique de cette situation d'interaction où les coordonnateurs se trouvent d'emblée à l'interface entre un cadre normatif émanant de la politique et un mouvement local de contestation (Steyaert 2004).

Trois phases dans la transformation de la situation d'interaction

De la forte opposition à la politique...

Durant les premières réunions du comité de pilotage et des groupes de travail, la plupart des acteurs ont exprimé leur refus de la politique N2000 qu'ils percevaient comme une contrainte pour le développement de leurs activités. Cette opposition s'est structurée pour trois raisons principales :

- les objectifs de conservation de la nature ont été présentés à l'aide de savoirs naturalistes dans lesquels les acteurs du territoire ne se reconnaissaient pas. Ce sont des savoirs spécifiques du secteur de l'écologie qui, outre qu'ils ont renforcé l'enjeu de délimitation du site évoqué ci-dessus, ne permettent pas la médiation et la construction d'accords. Pour reprendre la typologie des objets de Jeantet (in Mélard, cet ouvrage), « ce sont des objets neutres dont on ne peut rien dire car ils représentent fidèlement l'état de la nature » ;

- les acteurs en présence, tels que chasseurs, agriculteurs, gestionnaires de l'eau ou encore collectivités territoriales, bien qu'ayant des intérêts différents, partageaient des préoccupations similaires (défense de la propriété privée, développement économique, respect des traditions et usages locaux, etc.) qui leur ont permis de faire alliance sur cette stratégie ;

- ces acteurs ont tous expérimenté, par le passé, une accumulation de zonages sans savoir quelles seraient les contraintes ni comment elles évolueraient avec le contexte politique, accroissant ainsi un sentiment partagé d'incertitude et de crainte.

Cet enjeu du refus, principalement porté par les associations de propriétaires fonciers, les chasseurs et les agriculteurs céréaliers, a permis l'émergence d'un collectif d'acteurs ayant pour porte-parole un député. Ils ont exigé une délimitation précise du périmètre en vue d'en réduire l'importance : tout ce qui ne correspondait pas strictement aux catégories proposées par N2000 (listes européennes d'habitats et d'espèces) devait être exclus du périmètre, en particulier les surfaces cultivées, en jachère ou en prairie temporaire. En s'alliant autour des enjeux légaux et juridiques de la protection de la propriété foncière, ils ont généré une asymétrie de pouvoir qui a bloqué le processus délibératif, en particulier dans le comité de pilotage.

... à l'émergence d'enjeux partagés de gestion des zones humides...

C'est le travail des coordonnateurs, appuyé sur divers registre tels que la persuasion, la négociation ou encore la pédagogie (Billaud *et al.* 2006), qui a permis de sortir de l'impasse. Ils ont créé de nouvelles arènes de discussion, dans des formats moins marqués par les questions de représentations sociales et de légitimité institutionnelle (Billaud et Steyaert, *op. cit.*). Ils ont aussi et surtout pris en compte la diversité des enjeux de gestion émergents de ces débats, comme par exemple :

– la gestion des espèces envahissantes (jussie, ragondin, poisson chat) reconnues par la plupart des acteurs comme des problèmes majeurs nécessitant des actions de régulation et de contrôle ;

– la gestion de l'eau et du réseau hydraulique, notamment la question des niveaux d'eau pour assurer la compatibilité de différents usages ou encore celle de l'entretien des fossés ;

– le soutien économique des activités d'élevage ;

– le maintien des tonnes de chasse comme l'une des pratiques traditionnelles de cette activité en marais ;

– la lutte contre la disparition progressive des anguilles.

Ces enjeux particuliers ne sont pas directement liés à ce que propose le référentiel N2000 mais sont ceux qui concernent les acteurs usagers des marais. Les deux coordonnateurs, même s'ils avaient à suivre une procédure fixée avec la DIREN, ont tenté d'encadrer ces débordements, de prendre en compte tous ces enjeux et de les intégrer dans les propositions d'action du plan de gestion. Ce faisant, et en abandonnant la référence constante et quasi exclusive aux savoirs naturalistes pour parler de N2000, ils ont acquis la confiance des acteurs de la concertation, notamment dans des formats de discussion plus informels. Ils ont ainsi, par exemple, adapté la légende de la carte pour intégrer des connaissances et objets n'y figurant pas au départ et ils se sont servis de cet outil pour engager les acteurs dans une démarche de validation de son contenu. Malgré ces progrès et alors que la contestation sur les limites de site se soit peu à peu réduite, elle réapparaissait régulièrement et avec forte intensité durant les réunions du comité de pilotage. Les coordonnateurs se sont dès lors retrouvés en tension entre ce qui était produit sur des scènes où les acteurs institutionnels étaient moins présents et la stratégie d'opposition de ces mêmes acteurs dans les instances de validation.

... au repli des interactions sur le monde de l'expertise

Pressés par des enjeux de livraison du plan de gestion, les coordonnateurs ont alors progressivement délaissé les scènes délibératives pour se tourner vers des groupes d'experts en vue de transformer les enjeux de gestion identifiés en objectifs et modalités d'action (gestion des prairies, de l'eau, des tonnes de chasse, etc.). Ces enjeux correspondent bien à ceux qui ont émergé des débats, mais ils ont été pris en charge par des acteurs spécialistes habitués au travail de proposition et de négociation. Cette mobilisation des experts a mis en exergue l'incohérence entre les limites du site N2000 qui concerne des enjeux de conservation de la nature et les échelles auxquelles il convient de prendre en charge les problèmes soulevés qui concernent, pour la plupart, l'ensemble des marais. Certains de ces experts se sont dès lors eux aussi trouvés en tension entre la position défendue par leur institution d'appartenance et ce qu'ils croyaient nécessaire pour apporter des réponses opérationnelles et concrètes aux problèmes identifiés.

L'intervention dont nous allons maintenant parler se situe dans le courant de la deuxième phase. Elle s'appuie sur un concept scientifique dont nous donnons ci-dessous les caractéristiques et va agir sur la dynamique de concertation jusqu'à apparaître dans le plan de gestion qui en est issu.

L'usage d'un concept « intermédiaire » en situation d'interaction

Le concept et ses fondements scientifiques

Le concept scientifique a été développé par un groupe d'hydrologues et de géographes intéressés par la délimitation des zones humides (Merot *et al.* 2005), plus spécifiquement les zones humides de fonds de vallée dans les paysages agricoles de Bretagne. Ils constatent qu'il existe différentes méthodes scientifiques de définition et de délimitation de ces espaces, mais elles privilégient toutes une ou quelques fonctions ou caractéristiques conduisant à un manque de cohérence. Ces zones humides de fonds de vallée présentent aussi une variabilité temporelle des conditions d'hydromorphie[1], ce qui rend leur délimitation controversée : les gestionnaires ne sont pas certains qu'il soit justifié ou non de les considérer dans les inventaires des zones humides.

---

[1] En pédologie, l'hydromorphie désigne les caractéristiques d'un sol qui résultent de son caractère humide. Ainsi, un sol inondé en permanence ne présente pas les mêmes caractéristiques physico-chimiques qu'un sol temporairement inondé.

Pour accroître la cohérence entre les différentes méthodes de délimitation, ces chercheurs ont construit un concept qui organise la délimitation des zones humides et de leur fonction en trois catégories (figure 1). Ce concept, appelé PEEW (pour Potential, Existing, and Effective Wetland) mélange d'une manière organisée et hiérarchique des critères descriptifs relativement permanents (géomorphologie, pédologie, couverture végétale et usage des terres) avec des critères non permanents (hydrologique, biologique, chimique). Les trois catégories de zones proposées par le concept sont définies comme suit :

– potentielle : des espaces qui conservent les caractéristiques géomorphologiques et pédologiques sans pour autant être inondées ;

– existante : des espaces où, à un moment donné, on peut observer la présence d'un mélange de critères permanents et non permanents liés à leur hydromorphie ;

– efficace : des zones définies uniquement en référence à leur efficacité pour une fonction, telle qu'un objectif à atteindre en terme d'épuration des eaux.

Ces trois catégories permettent de déterminer les limites des zones humides et d'évaluer l'efficacité de leurs fonctions écologiques au travers de l'usage de données scientifiques. Concernant les enjeux de protection de l'environnement – où, dans un souci de maximisation, il est supposé que les limites des zones efficientes et existantes se rapprochent de celles des zones potentielles – ces chercheurs disent notamment que les catégories proposées « sont importantes pour concevoir des politiques d'aménagement de l'espace scientifiquement valides ».

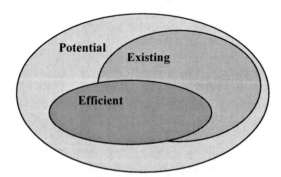

**Figure n° 1 : Représentation conceptuelle hiérarchique
des zones humides (in Merot *et al.* 2005)**

Introduction du concept en situation et premières conséquences

Le contournement de la question des limites n'empêche pas le conflit

Au-delà de l'usage scientifique de ce concept qui s'inscrit dans une perspective normative et évaluative, nous lui reconnaissons aussi une utilité dans sa valeur heuristique. En effet, au regard de la situation du site N2000 décrite ci-dessus, le concept semblait offrir l'opportunité de modifier la compréhension des acteurs sur leur situation : en changeant leur manière de qualifier l'aire de conservation de la nature, le conflit sur les limites de site pouvait-il être réduit ? Les termes de ce conflit peuvent être résumés comme suit :

– la délimitation du site par l'administration de l'environnement s'est appuyée sur des données résultant d'une accumulation d'inventaires réalisés sur deux décennies. Certaines surfaces en prairies ayant depuis lors été drainées et cultivées, de nombreuses parcelles de culture sont incluses dans le périmètre. Un agriculteur : « *Pourquoi la carte de la DIREN remonte-t-elle à 75-76 ? Il y a des erreurs. C'est pourquoi il y a beaucoup de parcelles en culture* » ;

– les agriculteurs céréaliers associés aux propriétaires fonciers ont refusé cette intégration partielle de surfaces en culture (d'autres parcelles culture en marais ne sont effectivement pas incluses) et demandé de les exclure du site. Un agriculteur : « *M. le sous-préfet, on ne vit pas sur la même planète. On n'arrive pas à se parler. Notre point de vue est le même depuis le début. La question est simple : les cultures qui sont dans le périmètre n'ont pas de fonction écologique. Vont-elles en être exclues ?* » ;

– pour contourner le conflit, l'administration de l'environnement, sans pour autant vouloir accéder à cette demande, a proposé de distinguer deux types de périmètres : l'un, dit « de gestion » serait concerné par le plan de gestion (les surfaces en prairies) alors que l'autre dit « administratif » ne le serait pas. Cette proposition a eu pour effet de renforcer la stratégie du refus, les acteurs ne sachant pas le sens qu'il convenait de donner à cette définition ni les conséquences ultérieures de ce classement en termes de contraintes pour leurs activités. Un agriculteur : « *On a compris qu'il y avait deux périmètres. Dans les rapports envoyés aux mairies, cette notion n'apparaissait plus. On peut comprendre votre démarche, mais faute d'écrit et d'engagement sur où s'appliquerait N2000, on passerait d'un climat de grande suspicion à un état de grande crainte* » ;

- quelques voix se sont aussi fait entendre, essentiellement celles de gestionnaires de l'eau et de naturalistes, pour demander une plus grande cohérence du plan de gestion par l'intégration de tout le bassin de marais dans le site (environ le double des surfaces délimitées).

La mise en situation du concept

Pour tenter de réduire ce conflit, nous avons négocié avec les coordonnateurs la possibilité d'introduire le concept PEEW en séance d'un comité de pilotage. Le moment nous semblait opportun car le processus de délibération était à un stade d'avancement ayant permis l'enrôlement d'une majorité d'acteurs dans la construction de propositions concrètes. Un maire : « *Pour nous, la concertation s'est très bien passée, nous avons émis des réserves et elles ont été prises en compte* ». La validation de ces proposition, construites dans des formats d'interaction plus informels et plus mobilisateurs (un coordonnateur : « nous voulons montrer comment, à partir des réunions de terrain, ce que vous avez apporté a été intégré ») était compromise par la résurgence du conflit sur les limites en comité de pilotage. Autrement dit, la « problématisation » d'un projet d'aménagement et de gestion du marais avait modifié les asymétries initiales entre acteurs, certains d'entre eux voulant voir aboutir les propositions qu'ils avaient eux-mêmes formulées.

L'intervention a eu lieu non pas dans un format classique de transfert de connaissances mais en réponse à une situation de crise se cristallisant à nouveau dans les débats entre l'administration et les opposants à N2000. Le sous-préfet, président du comité de pilotage : « *On ne va pas passer tout la réunion sur un problème que je croyais réglé* (la délimitation du site) ». Autrement dit, il s'agissait de situer l'intervention dans un moment du débat où les mots viennent en réponse à ce qui « fait » problème, en considérant que « les mots, dits au bon moment, c'est de l'action » (Arendt,). Le concept a aussi été exposé en référence aux catégories de N2000, que celles-ci soient celles de la directive ou celles de la DIREN. Le chercheur :

> Depuis le début, le fait qu'on ait créé les deux limites que sont le périmètre administratif, dit d'étude, et le périmètre de gestion entretient un flou et n'est pas justifié du point de vue écologique [...] Les espèces, ça se déplace ; les habitats, ça se restaure ou ça se dégrade. S'il est justifié d'un point de vue écologique de dire que les cultures jouent un rôle, il n'y a pas de raison que les cultures qui sont actuellement incluses y soient et pas les autres.

Le concept a dès lors été introduit dans les termes suivants :
- potentiel signifie que des habitats et espèces faisant partie des listes européennes pourraient être observés dans ces zones mais qu'ils ne le sont pas parce que ces zones ont été transformées par la mise en culture et le drainage ;
- effectif (pour existent) désigne des zones où les habitats et espèces ont été inventoriés. Ces zones devraient faire partie du site N2000 ;
- efficace (pour efficient) suppose que des objectifs de conservation aient été définis, comme la qualité des habitats ou l'abondance et la diversité d'espèces, pour pouvoir évaluer la contribution de certaines zones à ces objectifs.

Le début d'un changement des asymétries sociales

Cette intervention ne connaît pas tout de suite l'assentiment du sous-préfet (« Ces débats devraient disparaître à partir du moment où les actions seront définies. Celles-ci ne seront pas applicables partout et se feront sur la base de la contractualisation ») et de la DIREN (« D'accord, c'est un débat sur la méthode, mais cela fait quelques années qu'on en parle. Qu'on laisse faire les coordonnateurs »). Ces deux acteurs campent sur leur position administrative consistant à faire appliquer la procédure et à en respecter les délais. Ils n'ont pas vraiment pris part au travail de construction du plan de gestion dans les autres scènes et n'ont pas, semble-t-il, mesuré l'ampleur des déplacements qui s'y sont opérés et des opportunités qu'ils offrent ni l'effet du format très institutionnalisé du comité de pilotage sur la cristallisation du conflit autour de positions stratégiques et politiques.

En revanche, le principal opposant à N2000, un agriculteur céréalier président d'une association d'irrigants a rebondi sur la proposition : « C'est intéressant ce qui a été dit : que l'on mette tout le marais, cela ne nous gêne pas, mais on ne peut pas changer les textes à Bruxelles. On supprime les ZNIEFF, les ZICO, et là on a N2000 de manière intelligente ». Il est venu nous voir avec le document du plan de gestion provisoire dans lequel figurait la carte du site. Il avait colorié en une seule et même couleur toutes les parcelles de marais en culture, que celles-ci soient incluses ou non dans le site en disant : « si je te comprends bien, potentiel signifie l'ensemble du bassin de marais. Ça restaure l'intégrité de nos marais ! ». Il est rejoint en cela par de nombreux acteurs qui, tout en voulant réduire le site au strict minimum, ne comprennent pas le découpage que cela engendre d'un espace qui pour eux a une identité forte. Il s'agit notamment de la question de la gestion de l'eau et de l'entretien du réseau hydraulique dont les règles de gestion ne sauraient être applicables au seul site désigné ou encore de la lutte contre les espèces envahissantes. La qualification proposée par le concept leur permet de restaurer la zone humide comme une entité fonctionnelle, telle qu'ils l'ont toujours perçue, avec des enjeux de gestion qui recouvrent l'ensemble des surfaces.

Devant cette adhésion de la salle, et sans trop en mesurer les conséquences, le sous-préfet décide finalement de « faire une cartographie avec les trois ensembles ». Le concept a déjà fait son œuvre en changeant les asymétries sociales au sein du comité de pilotage : l'administration accepte un débat sur les limites en intégrant les catégories proposées dans la réflexion et en demandant aux coordonnateurs de les mobiliser dans les discussions et propositions futures ; les opposants à N2000 semblent sortir d'une stratégie de conflit car ils se reconnaissent dans les catégories proposées qui requalifient autrement les espaces en culture. Mais on comprend que ce n'est là qu'un point de départ. Le concept, pour être réellement opératoire, va subir une série de transformations et de traductions en circulant d'une scène à une autre. Il va aussi nécessiter de produire des connaissances et de mobiliser des savoirs permettant d'ancrer les définitions proposées sur la réalité technique, naturelle et sociale du territoire.

La transformation et la circulation du concept dans diverses scènes d'interaction

Nous devons préciser que notre intervention s'est limitée à la présentation du concept et n'a pas consisté à prendre en charge celui-ci dans les différentes scènes où il a été mobilisé et débattu. Dans ce qui suit, il est probable que l'accompagnement du concept en situation d'interaction, par le travail de pédagogie qu'il aurait supposé, aurait produit des résultats différents de ceux que nous avons pu observer. En effet, dès le compte-rendu du comité de pilotage, le concept se trouve transformé, alors qu'il a donné lieu de notre part à une note explicative adressée aux opérateurs et au président du syndicat d'irrigants Alors que les deux premières notions sont mobilisées telles quelles, la zone efficace est définie comme « *correspondant au périmètre de gestion* ». Il y a donc un repli d'une définition en termes de performance écologique à une définition en terme d'action attachée à la procédure du DOCOB et de sa mise en œuvre.

Cette transformation du concept tient à ce que les coordonnateurs ont jugé faisable dans la situation qu'ils avaient à animer. L'organisation d'un débat sur les objectifs écologiques était prématurée dès lors que les acteurs ne s'accordaient pas encore sur les limites. Ainsi, le concept a surtout été mobilisé pour réduire ce conflit. Ils l'ont présenté dans divers lieux et plus particulièrement aux lobbys des propriétaires fonciers soutenus par le député. Ce groupe a accepté les catégories proposées mais en en limitant l'usage au périmètre désigné par la DIREN. La définition de zone potentielle qui aurait supposé une extension du site à l'ensemble de la zone humide n'a pas pu s'opérer car les craintes de ces acteurs étaient trop fortes eu égard aux conséquences inconnues de cette extension.

La circulation du concept entre les différentes scènes et sa traduction-requalification en fonction des enjeux portés par les différents acteurs a provoqué la disparition du conflit sur les limites qui n'est jamais réapparu en comité de pilotage. Cet accord a pu être stabilisé dans le chapitre du DOCOB concernant le périmètre dans les termes suivants :

Les prairies et les cultures ne figurent pas au même titre dans le site N2000 des marais de Rochefort, ce qui amène à considérer cette démarche :

- un périmètre potentiel (périmètre « administratif » transmis par la DIREN). Ce dernier recouvre un vaste ensemble avec des habitats d'intérêt communautaire mais aussi des cultures, un réseau routier, etc.;
- un périmètre effectif. Il s'agit de la délimitation des habitats d'intérêt communautaire et des habitats d'espèces ;
- un périmètre efficace. Il regroupe les surfaces qui feront l'objet des actions figurant dans le DOCOB.

On voit dans cette traduction une tentative de synthèse entre les différents points de vue portés par les différents acteurs. La notion de zone potentielle permet de parler d'objets tels que culture et réseau routier, qui donnent un sens nouveau au périmètre « administratif » par la reconnaissance de l'existence d'activités jusque là mises au ban de la politique. La zone effective permet de donner un sens nouveau aux inventaires qui ne sont plus mobilisés pour définir des limites de site mais pour déterminer, au sein de limites communément admises, quels sont les lieux qu'ils convient de préserver. Enfin, la zone efficace entre dans une logique d'action qui s'étend à tous les enjeux pris en compte dans le plan, non seulement écologiques mais aussi territoriaux. Ainsi, dans le DOCOB, il est précisé que « les objectifs environnementaux portent sur la préservation du site effectif et que les actions contractuelles peuvent être proposées sur l'ensemble du périmètre potentiel car il y a interdépendance entre toutes les parcelles à l'échelle du périmètre ».

Cette nouvelle définition, qui limite la zone potentielle au site désigné et non à l'ensemble du marais, va elle-même donner lieu à des tentatives de débordement. Ainsi, le groupe de travail « grandes cultures », composé d'agriculteurs céréaliers et de gestionnaires de l'eau, constate que :

> Le périmètre efficace doit pouvoir s'étendre à l'extérieur de la délimitation administrative du site N2000. En effet, il s'agit d'assurer la cohérence de certaines actions, notamment celles concernant le réseau hydraulique qui forme une unité (des canaux sortent puis reviennent dans le périmètre du site après quelques kilomètres : on ne peut imaginer une discontinuité des mesures).

La stabilisation de cet accord et la traduction du concept dans des termes communs ont aussi conduit à remobiliser les connaissances produites en fonction de ces nouvelles catégories, notamment celles qui figuraient sur la carte. Les données sur les surfaces agricoles ont été reclassées selon les catégories potentielles et effectives. Les inventaires biologiques, dont les données et méthodes étaient jusque là contestées, ont été acceptés comme les outils de détermination des zones effectives (et non plus ce qui est N2000 ou ne l'est pas). Les informations sur le réseau hydraulique ont été mobilisées pour identifier, au sein de la zone potentielle, les secteurs à privilégier pour localiser les bandes enherbées en vue de relier entre elles des zones effectives, donnant en cela un sens concret et opératoire à la notion de « réseau écologique ».

Discussion : entre cadrage et débordement

Comme nous l'avons indiqué en introduction, les politiques de l'environnement sont l'objet d'une tension récurrente entre des modalités de conception et de mise en œuvre substantielles et des modalités procédurales. Le cas étudié ici met en exergue le rôle que peuvent jouer les objets et les concepts dans la résolution de cette tension par leur capacité de médiation d'une part, entre le référentiel proposé et l'action collective et d'autre part, au sein de l'action collective elle-même. La situation observée est traversée par l'existence successive de concepts (les habitats écologiques, le concept PEEW) et d'objets (les différentes versions des cartes). Que nous disent ces objets et concepts ?

De l'usage de concepts naturalistes générateurs de débordements…

La politique N2000 propose, dans son référentiel, les concepts d'habitat et d'espèce comme objet de l'action. Si elle le fait, c'est en référence aux objectifs d'évaluation de la qualité biologique des milieux et de mise en réseau de la nature à l'échelle européenne. Celles-ci passent en particulier par l'usage d'instruments tels que les inventaires biologiques dont les données sont reproduites sur des cartes. Les connaissances qui participent à la construction de ces concepts définissent un contenu particulier du référentiel de la politique, avec une dimension à la fois normative (par exemple les habitats et espèces dits « prioritaires ou d'intérêt communautaire ») et cognitive. Cette dernière dimension fait référence à des savoirs particuliers issus du monde des naturalistes et conduit à définir et construire la nature dans une perspective compositionnaliste (Callicot 1999) et écocentrée (Larrère 1997) : la nature est décrite et évaluée à l'aide des taxons que propose la phytosociologie[2], et les activités humaines sont essentiellement vues comme des facteurs perturbateurs d'écosystèmes naturels qui sinon seraient considérés comme stables et « à l'équilibre » (Steyaert *et al.* 2007).

Les concepts d'habitat et d'espèce, tels que construits, véhiculent ainsi une manière particulière de penser la conservation de la nature qui correspond aux valeurs que défendent les concepteurs de la politique. Leur traduction en situation concrète d'application se fait au regard de ce qui les fondent, en s'appuyant exclusivement sur les acteurs qui détiennent des savoirs qui peuvent s'y inscrire. Ils sont « intermédiaires » entre les acteurs qui composent ce monde car ils sont reconnaissables par eux et utilisables pour servir les objectifs que ces acteurs partagent. Ils traduisent en quelque sorte la représentation que ces acteurs ont de la zone humide et des actions qu'il convient d'y mettre en œuvre. En revanche, ces concepts, qui visaient pourtant à cadrer l'action collective, ont participé à générer ses débordements. Étant uniquement « actionnables » et « actionnés » pour inventorier, classer, et délimiter les espaces de conservation, ils ont renforcé la contestation sociale naissante sur les limites de site. Les coordonnateurs et l'administration de l'environnement se sont par ailleurs servis de ces concepts comme des « media », transportant des savoirs particuliers, en vue d'asseoir la légitimité de l'action publique. Les autres acteurs du territoire n'ont reconnu dans ces notions ni les valeurs qu'ils défendent ni les savoirs qu'ils détiennent, car pour eux, le marais est bien plus qu'un espace de conservation de la nature réduit à quelques habitats et espèces particulières. Outre la contestation sur les limites, les débordements ont aussi consisté à faire entrer dans le cadre de l'action collective les enjeux dont ces acteurs étaient porteurs. En d'autres termes, les concepts du cadre normatif, construits dans et par un monde spécifique, et leur usage dans des délibérations entre acteurs hétérogènes, n'ont pas permis de « faire sens

---

[2] La phytosociologie étudie la manière dont les plantes s'associent entre elles pour composer des communautés végétales en relation avec le milieu naturel. Elle s'appuie notamment sur la taxonomie qui est la science des lois de la classification des êtres vivants.

partagé » de la diversité des représentations de la zone humide ni de construire un référentiel commun.

... en passant par la juxtaposition de savoirs hétérogènes dans un objet intermédiaire...

L'évolution de la carte du site, et plus particulièrement de sa légende, traduit ce passage de concepts et connaissances spécifiques d'un monde à la prise en compte d'autres types de savoirs. La carte, initialement considérée comme un vecteur des savoirs naturalistes, est devenue l'instrument central du dispositif de concertation. Il ne s'agit pas ici d'un nouveau concept qui permettrait de redéfinir le rapport que les acteurs établissent à la zone humide, mais de la juxtaposition de savoirs consistant à faire apparaître dans les catégories représentées celles qui importent pour les acteurs du territoire. Ce travail qui consiste à rendre transparents et discutables les savoirs détenus par les différentes catégories d'acteurs conduit aussi à modifier les formes de coordination entre acteurs. Ainsi par exemple, le soutien des activités d'élevage, dont les prairies sont représentées sur la carte et constituent les principaux habitats à conserver, est devenu un enjeu partagé qui a reconfiguré les relations entre professionnels agricoles, écologistes et associations de propriétaires. Le député, au départ porte-parole du camp des contestataires, est devenu porte-parole de ce nouveau collectif pour faire reconnaître en d'autres lieux l'importance de cet enjeu.

Ce n'est pas tant la carte en tant que support permettant de représenter ces connaissances qui en fait un objet intermédiaire, mais le travail auquel sa construction a donné lieu. En effet, partant de la carte des experts naturalistes ne représentant que les objets naturels, les coordonnateurs ont tout d'abord introduit des données agricoles pour ensuite soumettre le résultat de ces travaux à une validation par les acteurs à l'échelle communale. Ce processus d'objectivation progressive de la carte a permis d'engager à la fois un travail de pédagogie et d'appropriation, mais aussi de construire l'objet en tant que produit du collectif d'acteurs en interaction. La forme stabilisée ainsi obtenue traduit bien l'engagement des acteurs dans l'action collective. Ainsi par exemple, et a contrario, les chasseurs n'ont jamais voulu faire figurer sur cette carte les tonnes de chasse de peur de les voir interdire. Mais pour autant, la carte, si elle a participé du dispositif « d'intéressement » à N2000 au sens où le définit Callon[3] (1986) et qu'elle a permis le cadrage de l'action collective par la représentation des objets en jeu (catégories de

---

[3]   La carte peut être vue comme faisant converger des acteurs et les intérêts hétérogènes qu'ils défendent vers un objectif commun dont ils ne sont pas les initiateurs.

parcelles agricoles, canaux et fossés, etc.), ne permet pas de jouer un rôle de médiation entre l'action collective et le cadre normatif. Elle tente de « faire tenir » ensemble les différents enjeux, sans déterminer le sens qu'il convient de leur donner en terme d'action et ainsi de définir comment l'action collective pourrait s'inscrire dans le cadre normatif qui est à son origine.

... à l'intégration de ces savoirs à l'aide d'un concept intermédiaire

Le concept PEEW, par le fait qu'il n'est pas « constitué » de connaissances, mais qu'il propose un « rapport » à l'objet zone humide, va permettre cette inscription. Il diffère des concepts d'habitat et d'espèce d'une part, par sa valeur heuristique et d'autre part, par son ancrage dans « ce qui fait problème », à savoir les enjeux de délimitation du site. Il est donc question ici d'une part du concept en tant qu'outil permettant de « faire sens » pour une diversité de représentations sociales et d'autre part, de moment choisi pour son introduction et son utilisation.

Pour ses concepteurs, le concept PEEW fait sens en organisant de manière hiérarchique les différentes méthodes de délimitation des zones humides et les critères que celles-ci mobilisent. Il a un caractère polysémique et fédérateur qui permet de rassembler différents savoirs disciplinaires dans une perspective de zonage. C'est précisément cette organisation hiérarchisée qui est appropriable et permet de produire du sens pour l'action, et non pas les savoirs scientifiques qui viendraient nourrir le concept. Chaque acteur est en effet en situation de proposer une organisation particulière en référence à ses propres intérêts et activités, traduisant le rapport de connaissance qu'il établit à la zone humide. Le concept permet de rendre explicite ce rapport et de réorganiser les connaissances produites en fonction de cette organisation. Faisant sens particulier pour chacun des intérêts en présence, il permet aussi de faire sens partagé par les « mises en équivalence cognitive » que sa mobilisation génère, notamment pour articuler ces systèmes d'intérêts entre eux. Il intervient ainsi comme un médiateur des différents points de vue qui s'expriment, mais il permet aussi de clarifier le lien entre l'action collective et le cadre normatif. Ainsi en va-t-il de la notion de zone potentielle qui permet de restaurer l'intégrité de la zone humide telle que perçue par la majorité des acteurs, mais qui se trouve *in fine* réduite aux cultures incluses dans le site désigné par l'administration du fait de l'incertitude que cette dernière laisse planer sur sa validation du concept et sur l'usage qu'elle en fera.

Le moment choisi pour l'introduction du concept a aussi son importance pour en évaluer sa capacité de médiation. Il est probable qu'introduite en début de concertation, sa validité n'aurait pas été reconnue comme elle l'a été dans la pratique. Il a fallu qu'un conflit se cristallise autour de la question des limites de site, autrement dit que le « problème » soit en quelque sorte formulé et reconnu par une majorité d'acteurs pour que le concept fasse sens et puisse être approprié. Il a aussi fallu que la forte asymétrie de pouvoir générée par le front du refus à N2000 soit réduite par le travail de construction collective et la volonté de certains acteurs de voir aboutir leurs propositions. Pour qu'un concept joue son rôle de médiation, il faut donc qu'il puisse se loger dans une exploration préalable de la situation qui fait problème, et qu'il émane en quelque sorte de cette situation. Dans le cas étudié, c'est notre analyse de la situation qui a conduit à cette émanation.

Enfin, il semble important d'insister sur la nécessaire transformation-traduction du concept en action et donc aussi en objet de cette action (la succession de cartes par exemple). C'est par ce processus qu'il se stabilise et acquiert sa cohérence dans l'action collective. Énoncé comme un précepte pour l'action et accompagné de règles strictes pour son application comme les concepteurs du PEEW le proposent, il n'aurait pas permis le lent et long travail d'apprentissage et d'agencement qui s'est opéré lors de son utilisation.

Conclusion

L'expérience relatée dans cet article renvoie pour nous au rôle de la recherche dans l'action, tant sur le plan des connaissances produites que sur le plan de ses modes d'intervention.

En effet, la recherche construit et propose des connaissances jugées utiles pour l'action sans, généralement, rendre explicites les conditions et les bases conceptuelles ayant prévalu à leur production. Or précisément, les travaux menés sur les objets intermédiaires ont montré à quel point ceux-ci avaient leur importance que ce soit pour mobiliser une diversité de savoirs et construire un sens partagé ou pour révéler ce qui s'opère dans des situations d'action collective. Dans cette perspective, nous pensons que toute connaissance n'a pas la même capacité à accompagner ce travail qui passe par des étapes successives de déconstruction-reconstruction du problème. Ainsi, la « contextualisation » des connaissances scientifiques mobilisées, c'est-à-dire l'explicitation des questions et concepts qui ont prévalu à leur production et de la manière dont le chercheur évalue la pertinence de ce qu'il propose au regard de la situation d'action, sont aussi sinon plus utiles à l'action que la connaissance elle-même. Ce faisant, la connaissance scientifique participe du travail de problématisation plus qu'elle ne procure les solutions appropriées.

Ceci suppose de revisiter la manière dont la recherche intervient en situation d'action : il s'agit notamment, selon nous, de s'appuyer sur une plus grande « intelligibilité » de la situation d'intervention. Celle-ci ne peut s'acquérir sans d'une part, être partie prenante de l'action en train de se faire et sans d'autre part, se doter d'un cadre d'analyse pour comprendre ce qui fait problème et pourquoi. En effet, comme le montrent encore les travaux sur les objets intermédiaires, ces situations d'action collective sont dynamiques : les transformations qui s'y opèrent concernent aussi bien les objets en jeu que les relations que les acteurs établissent à ces objets et entre eux. Il s'agit dès lors de comprendre ces transformations à l'œuvre pour mieux situer le moment de l'intervention et le type de connaissances sur lequel elle porte.

Bibliographie

Billaud J.P., Steyaert, P., « Agriculture et conservation de la nature : raisons et conditions d'une nécessaire co-construction entre acteurs », in *Fourrages*, n° 179, 2004, p. 393-406.

Billaud J.P., Steyaert, P., Ollivier G., « Natura 2000 et Contrats Territoriaux d'Exploitation : analyse de deux modes de construction d'une problématique agriculture – conservation de la nature ». Rapport de fin de contrat DIVA, MEDD, n° SRP-06A/2002, 2006.

Callon M., « Exploration des débordements et cadrage des interactions : la dynamique de l'expérimentation collective dans les forums hybrides », in Gilbert C. et Bourdeaux I. (dir.), *Information, consultation, expérimentation : les activités et les formes d'organisation au sein des forums hybrides*, Séminaire « Risques Collectifs et Situations de Crise », CNRS Paris, 1997, p. 57-98.

Callon M., « Some elements of a sociology of translation : domestication of the scallops and fishermen of St. Brieuc Bay ». In Law, J. (dir.), *Power, action and beliefs : a new sociology of knowledge*, Londres, Routledge and Kegan Paul, 1986, p. 196-233

Callon M., « Des différentes formes de démocratie technique », in *Annales des Mines*, janv. 1998, 1998, p. 63-73.

Callicot J., « Current normative concepts in Conservation », in *Conservation Biology*, n° 1, 1999, p. 22-35.

Deverre Ch., Mormont M., Selman P., « Consensus Building for Sustainability in the Wider Countryside », Rapport final, EU research project n° ENV4-CT96-0293, 2000.

Hatchuel A., « Intervention research and the production of knowledge ». In LEARN Group (dir.), *Cow up a tree. Knowing and learning for change in agriculture*, Case studies from industrialized countries, Paris, INRA, 2000, p. 55-68.

Hatchuel A., Weil B., « La théorie C-K : Fondements et usages d'une théorie unifiée de la conception », Colloque « Sciences de la conception », Lyon, 15 et 16 mars 2002.

Jeantet A., « Les objets intermédiaires dans la conception. Éléments pour une sociologie des processus de conception », in *Sociologie du travail*, n° 3, 1998, p. 291-316.

Lascoumes P., *L'éco-pouvoir. Environnement et politique*, Paris, La Découverte, 1994. 324 p.

Lascoumes P., Le Bourhis J.-P., « Le bien commun comme construit territorial », in *Politix*, n° 42, 1998, p. 37-66.

Larrère C., *Les philosophies de l'environnement*, Paris, PUF, 1997

Merot Ph., Hubert-Moy L., Gascuel-Odoux Ch., Clement B., Durand P., Baudry J., Thenail C., « A method for improving the Management of Controversial Wetland » in *Environmental management*, n° 2, 2005, p. 258-270.

Muller P., « Les politiques publiques comme construction d'un rapport au monde », in Faure A. *et al.* (dir.), *La construction du sens dans les politiques publiques, débats autour de la notion de référentiel*, L'Harmattan, 1997, p. 153-178.

Muller P., « L'analyse cognitive des politiques publiques : vers une sociologie politique de l'action publique », in *Revue Française de Science Politique*, n° 2, 2000, p. 189-208.

Pinton F., Alphandéry P., Billaud J.P., Deverre Ch., Fortier A., Geniaux Gh., *La construction du réseau Natura 2000 en France*, Paris, La Documentation française, 2006.

Steyaert P., « Natura 2000 : from consultation to concerted action for natural resource management in the Atlantic coastal wetlands », in *SLIM Case Study Monograph*, n° 9, 2004 (disponible sur http://slim.open.ac.uk).

Steyaert P., Barzman M., Billaud J.P., Brives H., Hubert B., Ollivier G., Roche, B., « The role of knowledge and research in facilitating social learning among stakeholders in natural resources management in the French Atlantic coastal wetlands », in *Environ. Sci. Policy*, n° 6, 2007, p. 537-550.

Teulier R., Hubert B., « The notion of "intermediary concepts" contributes to a better understanding of the generative dance between knowledge and knowing », 20th EGOS Conference, Lubljana, Slovenia, 30 juin-3 juillet 2004.

The SLIM Project, « Social learning as a Policy Approach for Sustainable Use of Water. A field-tested framework for observing, reflecting and enabling », SLIM Framework, 2004 (disponible sur http://slim.open.ac.uk).

Vinck D., « Les objets intermédiaires dans les réseaux de coopération scientifique », in *Revue Française de Sociologie*, n° 2, 1999, p. 385-414.

Conclusion

François MÉLARD

*Enseignant-chercheur au département des sciences
et gestion de l'environnement, Université de Liège*

Parler des pratiques de gestion de l'environnement autrement est bien un des objectifs de cet ouvrage. Nous avons essayé de le faire en attirant l'attention du lecteur sur une de leurs facettes les moins connues : celle de leurs réalités à la fois matérielles et conceptuelles. Nous avons fait le pari qu'il est possible de suivre l'évolution de pratiques de gestion circonstanciées par le truchement de ce que faisaient faire les instruments, les supports matériels à l'action, mais aussi les repères ou les concepts pour l'établissement de diagnostics (l'état d'un écosystème, des multiples usages d'un territoire, d'une filière agroalimentaire, etc.) et pour les choix d'intervention (agir avec qui ? sous quelle modalité ? pour rencontrer quels intérêts ? et afin d'aboutir à quel résultat ?).

Les différentes contributions et études de cas abordées dans cet ouvrage ont tenté de donner des clés de lecture de réalités environnementales chaque fois changeantes et complexes. Témoigner de ces réalités et des expériences pour y faire face nous semblait être un préalable. Faire rentrer le lecteur dans un schéma normatif ne fut pas notre intention et nous semble tout au moins prématuré, tout au plus risqué. Faire des « objets et concepts intermédiaires » une grille d'analyse aboutie supposerait, quant à elle, un travail supplémentaire et nécessaire de systématisation des enseignements tirés de nos expériences, ainsi qu'un travail de conceptualisation qui serait plus en phase avec leurs réalités méthodologiques. Cela pourra faire l'objet, à l'avenir, d'une seconde et utile publication ; forcément différente de celle-ci.

L'approche par les objets intermédiaires suppose l'acceptation de l'idée que nos conceptions du monde (sous la forme de croyances, de valeurs, mais aussi de repères, de pratiques) peuvent être représentées et distribuées dans des dispositifs techniques ou conceptuels de gestion. Dans un siècle qui voit émerger de nouvelles manières d'aborder l'environnement dans toute sa complexité, la négociation autour de ces conceptions parfois divergentes peut utilement être abordée par le biais des « petites » négociations autour de ses supports (des cartes, des diagrammes, des tableaux, mais aussi des concepts reposant sur des repères pour l'action). Le choix qui fut porté à traiter de problématiques ayant un ancrage fort sur leur dimension locale est la résultante d'une période de transition entre ce que Marc Mormont et Bernard Hubert appellent la période de « gestion de l'environnement » (type 2) et « la gestion de l'environnement complexe » (type 3). Nous sommes dans une période où la pertinence de l'action à mener (ses échelles, ses acteurs, ses résultats) est elle-même un objet de discussion. Face à cette situation en devenir, il nous semble qu'un moyen d'avoir prise sur ces réalités environnementales complexes et changeantes est de partir de ce qui est *pragmatiquement* mis en place par les acteurs dans leur démarche de gestion. Il s'agit ainsi pour nous, chercheurs, de suivre tout aussi pragmatiquement ce qui est mis en place progressivement pour rendre compte des pratiques et des intérêts des protagonistes, que ce suivi prenne place dans une démarche de recherche-intervention ou, plus classiquement, dans une démarche descriptive et d'analyse.

Si nous reprenons une lecture bergsonienne du pragmatisme[1], il s'est agi ici de parler des pratiques de gestion de l'environnement sous un mode qui témoigne d'abord de leurs caractères circonstanciés. La place des études de cas (au détriment de la présentation de pratiques de gestion normalisées ou rationalisées) vient ici renforcer cette dimension qui nous semble essentielle. En effet, dans leurs démarches de gestion, les acteurs trouvent le fondement de leur action dans la résolution de problèmes pratiques et historiques. Contrairement à un réflexe qui consisterait à classer des pratiques de gestion selon une typologie raisonnée (qui tenterait de subsumer les cas possibles), un apprentissage des cas qui sauvegarde leur particularisme et leur historicité nous semble tout aussi formateur. Cela passe par le respect (et la reconnaissance) de ce qui, pour chaque expérience, fait une différence dans l'action collective. La visée pragmatiste, que l'on pourrait donc défendre, est que l'apprentissage et la généralisation peuvent s'appuyer sur une lecture fine et organisée des cas soumis à investigation. Elle oblige à apprendre sous un mode qui suppose de tout lecteur ou intervenant une appréciation de la situation dans ses dimensions les plus intimes. Pour ce faire, les objets et concepts intermédiaires nous paraissent être de bons... médiateurs.

À ce propos, le sentiment de « bricolage » ou de « tâtonnements » qui peut parfois apparaître à la lecture des diverses expériences de

---

[1]   Bergson, H., « Sur le pragmatisme de William James. Vérité et réalité », in *La pensée et le mouvant*, Paris, PUF, 1969.

gestion relatée dans le présent ouvrage est révélateur. Ce sentiment pourrait attirer notre attention sur notre habitude à concevoir la gestion sur le mode de la planification (*top-down*). Il pourrait également s'expliquer par la réalité contemporaine des acteurs à devoir faire face dans l'action et ses incertitudes à des contraintes (ou opportunités) relevant d'échelles, d'institutions et d'acteurs tant humains que non humains hétérogènes et pourtant interdépendants.

Nous pensons que si cette réalité environnementale est mouvante (et quelquefois inquiétante, telle celle du changement climatique), elle est également porteuse d'innovation dans sa gestion. Et l'innovation est ici conçue sous la forme d'expérimentations nouvelles de diagnostics, de modes d'action, d'organisations sociales et de prises en compte. De ce point de vue, les « objets et concepts intermédiaires » nous semblent un dispositif conceptuel « léger » afin de décrire, voire d'accompagner ces expérimentations par lesquelles l'environnement entre en société.

Ce qui nous permet ici de parler d'expérimentations, c'est le fait de se voir confronté à des actions collectives qui se cristallisent autour de situations incertaines ou à des problèmes pour lesquels il n'y a pas de solutions toutes faites. Nous pensons que les situations d'expérimentations sont celles qui représentent le mieux les tâtonnements et les ouvertures vers cette nouvelle conception de l'environnement complexe. Ses enjeux contemporains s'énoncent d'abord en termes d'« apprentissage », de « prise en compte » des personnes concernées ou encore de « traductions » pour la conception d'un espace commun de problème.

En effet, si nous devions synthétiser ce qui – au travers des différentes études de cas présentées – participe à la mise en mouvement d'une action collective locale autour d'une question environnementale, nous pourrions épingler les caractéristiques suivantes :

a) le constat d'une situation de blocage, d'échec ou d'ignorance qui devient l'occasion d'un nouveau point de départ. Ces situations marquées – quelquefois – par le doute ou la faiblesse offrent des opportunités d'ouverture et quelquefois d'élargissement des manières de poser le problème ;

b) la réappropriation, souvent inattendue, par des acteurs locaux d'instruments de politiques publiques ou de dispositions réglementaires. Ce qu'ont montré certaines études de cas présentées ici, c'est que la place des politiques publiques n'est pas toujours là où on s'attend qu'elle soit, notamment par rapport à leur pouvoir de transformation des pratiques ou des représentations ;

c) la capacité – jamais acquise – de coordination, mais surtout de transformation (*agency*) des dispositifs techniques ou conceptuels dans la manière de poser collectivement un problème et d'en envisager une résolution, même transitoire ;

d) enfin, le rôle souvent prépondérant d'un acteur humain (une tierce partie) agissant en tant que médiateur des intérêts humains et naturels, mais dont le devenir est intimement lié à l'*effectivité* (et non l'efficacité[2]) de ces objets et concepts intermédiaires et du mode de prise en compte des avis concordants ou divergents.

Penser l'environnement au travers de ce processus d'écologisation est une nécessité, sa gestion également. Elle peut se faire – comme nous avons tenté de le montrer – via l'apport croisé des sciences appliquées et de gestion avec celui des sciences sociales, sur des questions de natures (l'existence de « ressources naturelles » à préserver) et des questions de sociétés (faire coexister des pratiques humaines qui peuvent être concurrentes, organiser la place de non-humains dans un monde commun). C'est dans cette tension que la durabilité de nos pratiques trouve à s'exprimer et à s'éprouver.

---

[2] Reprenant la distinction à Isabelle Haynes et Catherine Mougenot, certains dispositifs techniques ou conceptuels ne tirent pas leur condition de félicité de leur mise à l'épreuve des faits (et leurs résultats ne sont pas appréciés à l'aune de ce qui était attendu de leur fonctionnement ; ce qui renverrait à la notion d'*efficacité*), mais de leurs capacités à produire des effets dont la pertinence est à apprécier collectivement dans le cours de l'action (et leurs résultats ne sont plus la conséquence d'un plan préétabli, mais le produit d'un travail sur ce qui est important dans la définition du problème ; ce qui renvoie à la notion d'*effectivité*).

Personalia

Hélène Brives est enseignante-chercheuse à AgroParisTech (anciennement à l'INRA Paris-Grignon). Elle réalise des recherches dans le domaine de la sociologie rurale. Sa thèse de doctorat (2001) a porté sur l'étude socio-technique de l'activité des conseillers agricoles en matière de gestion de la pollution des eaux.

Isabelle Haynes est docteur en sciences de l'environnement (Ulg-2004) et chercheuse (actuellement à l'INRA Centre de recherche Versailles-Grignon), Isabelle Haynes s'intéresse à l'écologisation de la consommation des ménages ainsi qu'aux transformations qu'elle induit dans l'organisation des filières.

Bernard Hubert est directeur de recherche à l'INRA et Directeur d'études à l'EHESS, il a une formation d'écologue. La prise en compte des activités humaines l'a conduit à s'interroger sur la manière d'en rendre compte scientifiquement et à s'intéresser aux sciences sociales et à leur apport épistémologique en regard des sciences du vivant. C'est ainsi qu'il a été amené à réfléchir sur l'interdisciplinarité et sur la conduite de recherches sur problème, en situation d'intervention avec les acteurs concernés. Ces dernières années, le développement durable a fourni le cadre intellectuel de cette construction autour de la notion d'intégration (des disciplines, des acteurs sociaux, de l'action publique et privée) en assumant de manière délibérée la conception et la conduite de recherches en société.

François Mélard est sociologue des sciences et des techniques, il travaille actuellement en tant qu'enseignant-chercheur à l'unité de socio-économie, environnement et développement du département des sciences et gestion de l'environnement de l'Université de Liège. Il s'intéresse à la question du devenir des savoirs scientifiques et techniques dans des démarches participatives sur des questions d'environnement. Il s'intéresse particulièrement à la dynamique des controverses et des innovations d'un point de vue empirique, théorique et méthodologique.

Marc Mormont est sociologue rural de formation et responsable de l'unité de socio-économie, environnement et développement du département des sciences et gestion de l'environnement de l'Université de Liège. Il travaille sur le croisement des questions environnementales avec les problématiques de développement territorial et de participations locales. Ses intérêts de recherche croisent à la fois des approches sociologiques, économiques et institutionnelles.

Catherine Mougenot est sociologue de formation et chercheuse à l'unité de socio-économie, environnement et développement du département des sciences et gestion de l'environnement de l'Université de Liège. Elle milite pour la mise à l'agenda scientifique les questions de gestion de *la nature ordinaire*. Elle travaille actuellement sur les politiques de gestion de la nature, sur les relations homme-animal et sur le rôle des récits comme source de production de connaissances.

Pierre M. Stassart est sociologue des « food systems » à l'unité de socio-économie, environnement et développement du département des sciences et gestion de l'environnement de l'Université de Liège. Il s'intéresse à la question du rapport entre action collective et production de connaissances dans une perspective de transition vers le développement durable. Ceci implique le développement d'une démarche de type recherche-intervention pour laquelle la pertinence des questions de recherche ne peut faire l'économie des questions et projets tels que posés et menés par les acteurs de terrain

Patrick Steyaert est ingénieur agronome de formation et chercheur à l'Institut national de la recherche agronomique au département « Sciences pour l'Action et le développement » (SAD) et est actuellement en détachement à l'unité SEED (ULg). Il s'intéresse particulièrement à la question des changements de pratiques pour la gestion durable des ressources naturelles. Ses analyses portent plus particulièrement sur le rôle des connaissances scientifiques et des modes d'intervention de la recherche dans les transformations à l'œuvre dans des situations d'action collective qui s'inscrivent dans une perspective de développement durable.

Régine Teulier est chargée de recherches CNRS au Centre de recherche en gestion (CRG) de l'École polytechnique. Ses centres d'intérêt portent sur la construction et l'échange de connaissances dans les processus cognitifs et collaboratifs entre acteurs et l'élaboration d'une ingénierie des connaissances pour en rendre compte et fournir des outils d'assistance insérés dans les pratiques organisationnelles.

EcoPolis

La collection EcoPolis est dédiée à l'analyse des changements qui se produisent simultanément dans la société et dans l'environnement quand celui-ci devient une préoccupation centrale.

L'environnement a longtemps été défini comme l'extérieur de la société, comme ce monde de la nature et des écosystèmes qui sert de soubassement matériel à la vie sociale. Les politiques d'environnement avaient alors pour but de « préserver », « protéger », voire « gérer » ce qui était pensé comme une sorte d'infrastructure de nos sociétés. Après quelques décennies de politique d'environnement, la nature et l'environnement sont devenus des objets de l'action publique et il apparaît que c'est dans un même mouvement que chaque société modèle son environnement et se construit elle-même. Cette dialectique sera au centre de la collection.

Directeur de collection : Marc MORMONT,
Professeur à la Fondation universitaire luxembourgeoise
(Université de Liège, Belgique)

Dans la collection

Visitez le groupe éditorial Peter Lang
sur son site Internet commun
www.peterlang.com